透视对手

——他山之石可攻玉

李建勇　吕桂秀　编著

金盾出版社

内容提要

面壁十年图破壁，透视对手的终极目的是为了战胜对手。他山之石，可以攻玉。要真正做到透视对手，必须用全面的、发展的眼光去透视对手这个他山之石，学其长避其短，才能见微知著，举一反三，运筹帷幄之中，决胜千里之外，最终达到"攻玉"之目的。

本书从职场的角度出发，通过古今中外的大量的具体的案例，阐述了重视对手、透视对手、剖析对手到超越对手的过程，为当今的职场人士提供一份有益的参考。

图书在版编目(CIP)数据

透视对手：他山之石可攻玉/李建勇，吕桂秀编著．-- 北京 ：金盾出版社，2012．1

ISBN 978-7-5082-7059-1

Ⅰ．①透… Ⅱ．①李…②吕… Ⅲ．①成功心理—通俗读物 Ⅳ．①B848．4-49

中国版本图书馆 CIP 数据核字(2011)第 155709 号

金盾出版社出版、总发行

北京太平路 5 号(地铁万寿路站往南)

邮政编码：100036 电话：68214039 83219215

传真：68276683 网址：www.jdcbs.cn

封面印刷：北京凌奇印刷有限责任公司

正文印刷：双峰印刷装订有限公司

装订：双峰印刷装订有限公司

各地新华书店经销

开本：880×1230 1/32 印张：8 字数：179 千字

2012 年 1 月第 1 版第 1 次印刷

印数：1～6 000 册 定价：19.00 元

序言

人生如棋，落子无悔。决定胜负的就在于如何落子，但落子不仅决定于自己的棋艺，也取决于对手。也许在大多数人的眼里，当今的职场也可谓竞争激烈的棋局。因为种种失误，常有朋友一不小心就在竞争中败下阵来，于是他们对此充满了困惑和苦闷，试图寻找解决问题的途径。

其实我们稍加分析便不难发现，困惑很多人的职场问题只是一些细节的失误。有的人在求职的关口即惨遭淘汰，有的人在工作的过程中得罪了上司而被迫离职，有的人尽管已经升职却得不到下属的拥护，甚至也得不到上司的爱戴，更有的人一不留神就得罪了谈判对手而丢失一笔大宗的单子……如此种种，说穿了，这些人只不过是违反了职场的一些常识问题。假使当初有人略加点拨，指点一下职场的种种“潜规则”，也许就会是另一种结果了。基于这个原因，我们编写了这本《透视对手》，旨在提醒大家注意职场中方方面面、无处不在的竞争问题，帮助读者朋友了解职场的一些常识性的道理，让大家都能开辟自己美好的职场生涯。

当今职场，一个人要想获得成功，需要你具备丰富的常识和学识，常识是你做人的能力，是你在职场人格魅力的体现，学识则体现了你做事的能力，某些程度上，做人要比做事更重要，因为当今的职场更重视“人和”的因素，更重视团队精神，更重视同事之间、上司和下属之间以及与谈判客户之间的交流沟通精神。

可以说，具备职场中这些常识是一个人在职场获得成功最坚实的磐石。

成功不是静态的，而是一种动态向上的趋势。每一次的成功就像一座山峰，但还会有更高的山峰横亘在路上。成果说沉醉于以往的成功不思进取，所能抵达的风景肯定有限。只有与过去的成功赛跑，才能把成功的孤山化成连绵不断的山脉。这也就是他山之石可以攻玉的涵义。腾讯老总马化腾曾说过："我们的最大对手不是别人，而是自己。"

在美国NBA职业篮球队中，优秀的篮球队员比比皆是，而真正称得上"飞人"的却只有——乔丹。乔丹的成名得益于他高中篮球队的教练。那时候，乔丹的篮球打得很棒，却很难突破。在一次比赛结束后，刚获得胜利的乔丹和同学们正洋洋自得，教练却满脸担忧地把乔丹拉到一旁，批评他说："你是一个优秀的队员，可今天的比赛场上，你发挥得极差，完全没有突破，这不是我想象中的乔丹，你要想在美国篮球队一鸣惊人，必须时刻记住——要学会自我淘汰，淘汰掉昨天的你，淘汰自我满足的你……"这些话可能使乔丹终身难忘，也真正让他明白了透视对手的全解，才使他成功挺进了芝加哥公牛队，最终成为全美国乃至全世界家喻户晓的"飞人乔丹"。

缺乏职场的常识，一部分人进入职场后常在细节方面屡屡碰壁，尤其是在处理人际关系方面碰得头破血流，在职场成长的道路上频频遭遇滑铁卢。由于职场的经验需要有一个循序渐进积累的过程，作为职场人，就需要提前补课，透视对手，战胜自我，才能满足当今职场的需要，让自己尽量少走不必要的弯路。

编　者

目 录

第一章：透视对手，方能超越对手

第二章：透视(同事)对手，让你工作如鱼得水

第三章：透视（上司）对手，让你赢得一臂之力

第四章：透视（下属）对手，让你仕途一帆风顺

第五章：透视（客户）对手，让你商场无往不利

第六章：透视(谈判)对手，让你谈判马到成功

第一章：透视对手，方能超越对手

1. 有对手的人生才幸福

在美国阿拉斯加的一个自然保护区，出于保护野鹿的目的，管理人员把保护区里的狼都赶尽杀绝了。自此，野鹿过起了悠哉乐哉、颐养天年的好日子，再不用为了躲避狼的攻击而四处奔跑，也不用担心没有食物可吃而发愁。由于缺乏锻炼，一向强壮的野鹿变得弱不禁风，老弱病残逐渐增多，最后竟发展到濒临绝种的地步。直到此时，管理人员方才省悟，赶紧把几头狼引到了保护区里。从此鹿群又开始了整日为了躲避狼这个天敌而疲于奔命的日子，不久就恢复了往日的勃勃生机。

这个故事告诉我们，“物竞天择，适者生存”永远是大自然优胜劣汰的法则，那些最先灭绝的动物，多数是没有天敌的动物，那些逐渐繁衍壮大的，一定是在自然界同别的动物的经常斗争中生存下来的。大自然中这一现象在我们人类社会中也同样存在，没有竞争，就不会有发展，没有对手，肯定就不会强大。

康熙皇帝曾经宴请群臣，以庆祝他登基 60 年。在宴席中，康熙皇帝共敬了三杯酒：第一杯酒敬的是孝庄太皇太后，感谢太皇太后辅佐他登上皇位；第二杯酒敬的是手下各位大臣及天下的老百姓，感谢众位大臣齐心协力效忠朝廷。不过，最让众大臣目瞪口呆的是，康熙的第三杯酒，竟然是敬给吴三桂、噶尔丹还有鳌拜等他的敌人，见众大臣困惑不解的样子，康熙皇帝解释说：“是他们逼着朕建立了丰功伟绩，没有他们，就没有今天的朕，我感谢他们。”如果没有吴三桂这些敌人，康熙皇帝就不会如此发愤图强，更不会有这样一番丰功伟绩。所以从另一个角度来说，有对手是一件幸福的事。因为对手会给你带来压力，如果你想击败对手，你就必须做出努力，在不断同对手抗争的过程中，你不知不觉便磨炼了自己，提高了自己。

我们每个人的一生，无论是在学校还是在公司，无论是在商场还是在官场，无论是在哪个阶段哪个方面，都不可避免地会遇到竞争对手。因为竞争对手的存在，我们常常如临大敌，如履薄冰，时时刻刻提心吊胆，总担心自己被竞争对手击败，因此不得不逼着自己努力学习、努力上进。只有战胜你的竞争对手，你才能在激烈的角逐中胜出，而成为佼佼者。

付强在中学的时候，他的学习成绩并不好，到了高二，马上就要面临高考了，他的学习成绩还稳定在班里后三名。付强就读的这所学校是市里的一所重点中学，所在的班级又是这个年级的重点班，付强之所以能进入这个尖子班，当然不是靠的学习成绩，而是因为他的父亲是个矿山老板，一出手就给这所学校赞助了几十万。

付强才不管父亲对他寄予了多少厚望呢，依旧是我行我素，整天不是逃课，就是在课堂上捣乱，不是给女生递纸条，就是和社会青年混在一起。

高二下学期，有一次英语老师正在讲台上讲课，付强不愿意听课，就在下面戴着耳机用笔记本电脑上

网，老师非常生气，告诉他以后再也不要上英语课，并把他赶出了教室。而这正好中了付强的下怀，他巴不得一节课也不用上。他潇洒地打了一个响指，嘴里说着“无所谓”，然后提着笔记本电脑就向教室外走去。就在付强走过班长身边的时候，清晰地听到了班长低声咕哝的一句话：“真是个人渣，不就是仗着老子有几个臭钱吗！呸！”听到这句话，付强的心猛地一震，他握紧了拳头，脚步也慢了下来，但是，最终他还是理智战胜了冲动，一言不发地走出了教室。

付强意识到，如果只是用拳头解决问题显得自己太低级了，他要通过努力，用自己的成绩让这个看不起自己的骄傲班长愧对自己！

付强趴在走廊的窗台上给老师写了一份检讨，并向英语老师道歉，因为他的态度诚恳，老师终于同意了让他继续听英语课。

从此，付强就和班长较上了劲，每天用功地学习。他把班长看作是自己的对手，每次考完试，他首先关心的就是自己的成绩和班长的成绩差了多少。

功夫不负有心人，高考成绩揭晓，付强居然和班长考上了同一所重点大学。当然，班长的成绩要好于付强，班长超出录取分数线几十分，而付强只超了录取分数线两分，他是看到班长报志愿填了这所大学，他也一赌气，报了同一所大学。

在大学里，付强和班长读的不是同一专业，但他依然密切关注班长的一举一动。班长去竞选学生会主席，他也踊跃报名，班长考过了英语六级，他也随后考过，付强憋着一股劲，他就是想让班长看看，自己也有能力，并不是只会靠老子的“臭钱”。

就这样，在读大学期间，付强依然视班长为他的对手，处处和班长比赛，决不甘拜下风。大学还未毕业，付强就凭着自己的能力和一家外资企业签订了就业合同，当得知班长还没有找到满意的签约单位，他感到非常得意，心里充满了成就感。

其实班长一直都知道付强在和他处处比赛，他也是个有志气的孩子，为了不落后于付强，班长也憋着一股气迎接当初那个“人渣”的暗中挑战。

大学毕业后的多年时间里，两人虽然没有正面接触，但是彼此却通过其他的方式拐弯抹角地打听对方的情况，然后继续努力或者重新奋起。

经过近二十年的努力，付强和昔日的班长都步入了中年，这时候两人都在事业上取得了成功，都成了大公司的老总。尤其是作为富家子弟的付强，完完全全是靠自己的力量白手起家，没有接受父亲的一分钱资助。

在一次大型商业聚会上，多年来互为对手的两个老同学终于见面了，他们面带微笑走向对方，四只大手紧紧地握在一起，异口同声地说了同一句话：“有对手的人是幸福的。”

是的，有对手的人生才幸福。朋友可以帮助你进步，但是，对手却能让你成就一番事业。当你在人生的征途上奋勇搏击、艰难前行的时候，无时不在的对手会在无形中激活你的生命，激发你的潜能，让你经过磨炼之后变得越来越优秀！现实生活中很多人都把对手当作敌人，从心理上排斥对手，甚至把对手视为心腹大患，当作眼中钉、肉中刺，恨不能立即除之而后快。其实只要我们静下心来仔细想一想，就会发现拥有一个强劲的对手，其实是一种幸福，一种幸运。要对你的对手心存感激，因为你的每一次进步都是在与他们的较量中逐步积累的，正是有了对手，才会让你体验到生存的艰辛，认识到人生的残酷，学会在逆境中奋进，从而提高生存能力。因此，在你事业春风得意之时，别忘了军功章也有对手的一半！

人生如比赛，有对手才会有竞争，有竞争才会有压力，唯有将压力转换为前进的动力，我们才能迈向成功。因此，当我们生活中遇到对手阻击的时候，先别忙着抱怨，我们应该在心里愉快地告诉自己：有对手的人是幸福的，然后怀着大海一样的心胸，和对手一起在人生的赛场上你追我赶，奔向成功。

2. 对手的存在是你前进的动力

在日本北海道的深海区，出产一种具有独特风味的鳗鱼，海边渔村里许多渔民靠捕捞贩卖这种鳗鱼为生。但是，这种鳗鱼的寿命绝大部分都非常短暂，因为它们只要一离开赖以生存的深海区，用不了一天的时间就会全部死掉。因此村子里许多渔民虽然天天出海捕鱼，又采取种种措施保存鳗鱼，但是等到从深海区回村后，鳗鱼就全部死了，非常可惜，因为死鳗鱼的价格要比活鳗鱼的价格低很多。

但是也有例外，渔村里有一位经验丰富的老渔民，他也和大家一样天天出海捕鱼。可是从深海区回村后，老渔民捕捞的鳗鱼居然还是活蹦乱跳的。因为是活鳗鱼，老渔民出售的价格自然比别人高出很多，所以几年过去后，老渔民通过财富积累，居然成了远近闻名的富翁。渔村里的其他渔民，虽然同样每天下海捕鱼，却勉强只能维持温饱的生活。后来老渔民因为年老体衰不能再去捕鱼了，便把捕鱼的秘诀对儿子倾囊相授。原来，老渔民让鳗鱼保持活力的秘诀其实很简单，只不过是在整仓的鳗鱼中，放进几条貌不惊人的狗鱼，这狗鱼和鳗鱼可是出了名的死对头，几条狗鱼落到成仓的鳗鱼里头，自然是势单力薄，惊慌失措，吓得东一头西一头地在鳗鱼堆里四处乱窜。这样一来，满满一船舱半死不活的鳗鱼倒全被狗鱼给搅和活了。

其实人和鳗鱼也是同一个道理。我们如果稍加注意就会发现，一个人如果没有自己的对手，那么他一辈子就会自甘平庸，懒散成性，最终导致碌碌无为；一个集体如果没有了对手，就会因为安于现状而丧失群体的活力和进取的斗志，从而止步不前，直至逐步走向衰退。鳗鱼正是因为要面对狗鱼这样的对手，才能够使生命保持长久的生机与活力，而我们人类正是因为对手的存在，才有了前进的动力。

可以这么说，无论你是名人还是普通人，我们每个人的一生中，都会遇到几个强有力的对手，因为金钱、利益、名誉、地位等等的纷争，对手也许会不择手段地打击过你、嘲笑过你、战胜过你，对这样的对手你也许一辈子都不会忘记，你也许会一辈子记恨你的对手，甚至恨不得食其肉寝其皮。但我们有必要弄清楚一件事：是不是遇到对手就一定是运气不佳呢？是不是遇到对手就一定是坏事呢？现在，就让我们看看 2008 年北京奥运会上最牛的游泳选手——独揽八金的菲尔普斯是如何看待他的对手的，我想，我们所有人都应该从中得到一些启示。

2003 年的时候，菲尔普斯把张伊恩·克罗克的照片在自己的卧室里贴得到处都是，因为这个人曾经在 100 米蝶泳中击败过他，是他最大的竞争对手，每天菲尔普斯都看着这个对手的照片提醒自己，一定要超越这个对手！功夫不负有心人，菲尔普斯在雅典和北京奥运会上都击败了克罗克，取得了最后的胜利。

在北京奥运会之前，菲尔普斯就发出要成就奥运

八金的梦想，而另一名游泳天才索普曾经断言：“菲尔普斯不可能成就奥运八金”。菲尔普斯从此就把索普当成了自己的对手，还把索普的那句话记下来，贴在更衣室的衣柜上，每一次训练更换衣服，他一抬头就会看到对手的那句话，顿觉浑身斗志昂扬，训练时便充满了力量！菲尔普斯把对手的轻视看作是前进的动力，在艰苦的训练后，最终用成绩证明了对手的轻视是错误的！

是的，对手的存在才是菲尔普斯前进的动力，菲尔普斯的成功也有对手的一份功劳，这就是游泳奇才菲尔普斯独揽奥运八金的秘诀！因为对手的存在，他的潜力才会最大限度发挥出来！

在当今职场中，激烈的竞争可以说是无处不在，每一个同事都是我们的竞争对手，每一个对手都有可能让你的饭碗朝不保夕，不是鱼死就是网破，你恨不得一下子就把对方堵到绝路上去。但是，我要告诉大家的是，这样目光短浅的认识只是一种传统的局限的思维方式，绝不是最佳的处世策略。

那些竞争对手的存在，特别是那些对自己来说有着明显优势的竞争对手，会对自己构成一定的威胁，从而在潜意识里产生一种敌视态度，甚至畏惧，这本是无可厚非的。但是，我们还要看到，在竞争对手对我们产生威胁的同时，他们的存在也对我们的生活产生着积极的影响。

丛丛是一家公司的员工，她有一个在总台工作的新同事蒙蒙，不仅容貌姣好，而且见人就笑，无论上司还是同事都对她很有好感。

有一天，上司突然把丛丛叫过去，要她把一直做着的一项得心应手的工作分给蒙蒙去做，丛丛很吃惊，因为这项工作她自己完全能做好。后来一位熟知内情的同事告诉丛丛，是公司的一个副总觉得蒙蒙总是对他微笑，给她留下了很深刻的印象，于是就向丛丛的上司建议给蒙蒙安排一个更好的岗位，从从的上司得到指示，于是就让从从把自己的工作分一个步骤给蒙蒙做。但是，由于从从的工作是连贯性的，把中间一个步骤拿出来给蒙蒙做，每次就要多出一个交接的步骤，从从不但没有因此轻松，工作量反而比以前增加了，真是不胜其烦。

因为蒙蒙的关系，从从觉得自己越来越不开心，她只有大专学历，而蒙蒙去网络学校混了个本科，而且逮住机会就向上司献媚，表现出一副求上进的样子，下班了总是假装加班，还故意当着上司的面问从从为什么结了婚还不生孩子等，让从从无时无刻不感受到威胁的滋味，让她感到很不舒服。

从从考虑到对自己的工作已经驾轻就熟了，假如蒙蒙不来，也许她会一辈子安于现状，就此丧失上进的动力。但现在蒙蒙分担了她一部分工作，又明显在外貌、年龄、学历及人际关系上有优势，并且明目张胆地跟从从竞争，当然会给从从一些压力，让她感到不公平，不舒服。

从从没有抱怨下去，而是把蒙蒙当成了竞争对手，以乐观平衡的心态，努力提升自己，靠实力去跟她竞争。从从业余时间自学就读本科学业，提升自己的文化素质和学历；看不惯蒙蒙在上司面前装模作样，抓乖卖俏，自己就实实在在地多看书，钻研业务，提高自己的业务素质；蒙蒙巴不得她赶快在家生孩子，空出岗位，从从却推迟了要孩子的时间，稳扎稳打，把工作做得滴水不漏。当从从足够强大，足够优秀时，蒙蒙那些雕虫小技，表面工夫也就不堪一击了。

现在，从从已经凭着自己的出色表现升到了部门主管，她非常感谢蒙蒙，她今天的成功，动力恰恰来源于对手的存在。

实际上，一个人若想超越和突破自己，一个强劲的对手是必不可少的。一个真正的对手，在让人感到威胁和压力的同时，也可以激发人的斗志，给人带来无穷的向上的动力。在对手的压力下，你不得不奋发图强，不得不锐意进取，否则等待你的就是被取而代之的命运。

在我们的一生中，如果你能遇到一个强有力的竞争对手，请你不要抱怨，不要急于排斥对手，要感谢对手、善待对手、学习对手，正是他们的存在，才是推动你前进的力量！

3. 三人行必有我师

身处职场，竞争自然十分激烈，因为我们要面对各种各样的竞争对手，同事、领导、下属，都是自己要面对的竞争对手，稍不注意，自己就有可能被取而代之。要想从同事中脱颖而出，获得晋升或者加薪的机会，那么自己必须领先竞争对手一步，超越竞争对手一步。

那么，怎样才能超越对手让自己脱颖而出？孔子曰：三人行，必有我师焉。如果我们想超越对手，最好的办法就是向他人学习，尤其是向竞争对手学习，学习竞争对手成功的经验，借鉴竞争对手失败的教训，取长补短，完善自我，全面提高自己的综合实力，最大限度发挥自己的优势和长处，使我们得以能够最终战胜竞争对手。

学习能力其实就是工作能力，如果一个人不愿意向竞争对手学习，或者不知道向竞争对手学习什么，那么我们可以断定，他的工作能力往往也不会好到哪里去。现代职场中，能否具备向竞争对手学习的能力，是一个人重要的工作能力之一，是一个人最可靠的本领。可惜现实生活中，总是有人不懂得这个道理。

有这样一个广为流传的职场故事：有一个博士生毕业后分配到一家研究所工作，他是那家研究所唯一的一名博士生，为此，他不免有些心高气傲，总觉得别人不如自己。研究所后面有一个小池塘，这天下班后，博士闲来无事到小池塘去钓鱼，正好研究所的正副所长也在那里钓鱼。博士微微冲他们点了点头，他心想，不过是俩本科生，和他们没啥可聊的。

过了一会儿，所长放下钓鱼竿，站起身来伸了个懒腰，然后从水面上健步如飞噌噌噌几下就走进了池塘对面的厕所。博士看得眼珠子都快掉下来了。难道这就是传说中的水上飘？不会吧？这可是一个池塘啊。所长上完厕所回来，又是噌噌噌地从水上飘回来了。这是怎么回事啊？博士很奇怪，可是觉得自己是博士生，怎么好意思去问一个本科生呢？

又过了一会儿，副所长也站起来了，他走了几步，也噌噌噌地飘过水面到对面上厕所去了。这下子博士差点晕倒：不会吧，难道研究所是一个藏龙卧虎、江湖高手云集的地方？

这时，博士也想上厕所了，回单位太远，而这个池塘两边有围墙，要走到对面上厕所至少得绕十分钟的路，怎么办呢？博士抹不下面子，不愿意去问两位所长，实在憋不住了，他也比着葫芦画瓢，站起身就往水里跨：我就不信本科生能过的水面，我博士生就不能过。结果博士一下子就栽到了水里。

两位所长七手八脚将博士拉了上来，问他为什么要下水，博士问："为什么你们可以走过去呢？"

两位所长相视一笑："这池塘里有两排木桩子，这两天下雨涨水正好在水面下。我们都知道这木桩的

位置，所以可以踩着桩子过去，你怎么不问一声呢？”

这个故事告诉我们：学历代表过去，只有学习力才能代表将来，无论你学历有多高，经验有多丰富，总有你不懂的地方。尊重经验，懂得向他人学习的人，才能少走弯路，更容易成功。

纵观我们周围，通常会有一些胸襟狭窄的人听不进别人的建议，即使明知道自己出了差错，也碍于面子或者妒忌他人的才能而不会接纳。只有放下面子，虚心聆听他人的教诲，及时纠正工作上的差错，这样才能一步步提升自己的水平。所谓“三人行，必有我师焉”。

曾强和康晓军在同一家公司工作。有个同事被提拔为部门主管，两个人都有些不服气。他们俩平时和这个同事很少往来，过了几天，曾强对康晓军说：“我想离开这里了。”康晓军非常意外，就问为什么，曾强说：“我烦死那个小主管了，整天对我吆吆喝喝、指手画脚的，我受不了这个窝囊气。你呢，要不和我一起走？”康晓军说：“我不想走，而且我也不赞成你离开，小主管是有做得过分的地方，但是我们俩就这样离开，对我们非常不利，绝不是离开的最好时机。”曾强不解，康晓军说：“我想看看他是如何独当一面成为部门主管的，我要向他学习。”可是曾强忍受不了现在的这个局面，很快就离开了公司。

康晓军留了下来。他一边努力工作，一边留心小主管的工作方法和为人处世技巧，好的地方暗暗向他学习。半年过去后，康晓军从主管身上学到了很多经验，结识了很多客户。等康晓军再见到曾强时，他告诉曾强，公司老总跟他谈过话了，准备升他做总经理助理，他当然不会离开公司了。

如果康晓军当初和曾强一样离开公司，那日后就没有被老总提拔的机会了。康晓军的升迁完全是向竞争对手学习的结果。这也告诉我们，在这个不学习就会落后的时代，善于向竞争对手学习是多么重要。无论你现在多么出色多么优秀，如果你拒绝向竞争对手学习，那就是拒绝进步，拒绝走向成功。

向竞争对手学习，这是每一个人踏入成功之路的一堂必修课。无论你的天资有多聪颖，你个人的经验和见识也有其局限的一面，没有人会随随便便成功。但如果你虚怀若谷，在自己努力的同时，还十分注意向他人，尤其是向竞争对手学习，你就很容易走向成功。

在一次招聘会上，大学生柳芳击败其他竞争对手，被一家合资公司录用。而该公司本来要招聘的是一名有工作经验的会计，后来因为柳芳，让他们改变了用人计划。因为是新人，柳芳面试时就遭到了淘汰，但是她请求面试人员给她一次笔试的机会，结果，柳芳以优异的成绩通过了笔试。尽管这样，人事经理得知柳芳没有工作经验时，还是决定放弃。但是，人事经理说得很委婉，他告诉柳芳："如果有消息我会打电话通知你。"柳芳听了，就从钱包里掏出一块钱双手递给经理，说："希望您能答应我，不管是否录取我，都请您给我打个电话。"人事经理奇怪地问："你确定我不会给没有录取的人打电话？""您刚才说有消息就打，那言下之意就是没录取就不打了。"人事经理被柳芳引起了好奇心，问："如果你没有被我们录取，我给你打电话，还有什么意义呢？""不，我想知道，我在哪些方面没有达到你们的要求，我好改进，请您一定告诉我这些。""那钱……"柳芳微笑道："给没有被录用的人打电话不属于公司的正常开支，所以由我付电话费，请您一定打。"经理笑了笑说，"我现在就通知你，不用等电话了，你已经被录取了。"

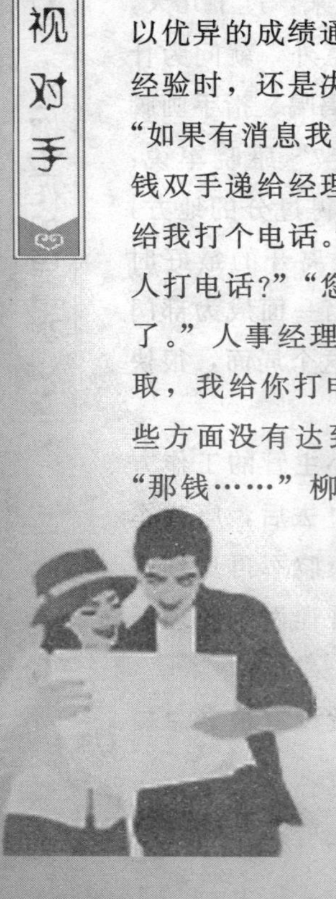

而这个办法，正是柳芳在上次招聘中，从一个竞

争对手那里学来的。那一次，柳芳和她的竞争对手成绩一样，而她的竞争对手却最终被聘用，她觉得很奇怪，就虚心向竞争对手请教。对方被她的诚恳打动，就把自己应聘多次总结的秘诀倾囊相授，结果这次柳芳就举一反三灵活运用，并收到了好的效果，并一举应聘成功。

要想在职场胜出，我们就要放下架子，放低姿态，把每一个竞争对手当作自己的老师，谦虚好学，不耻下问，取人之长，补己之短，才能更快更简捷地助你达到成功的目的。

4. 人生没有常胜将军

英国民间有一个著名的杂技演员叫汤姆，他擅长表演高空走钢丝，他走钢丝的距离长、距地面高，是国内观众一致公认的一流的杂技表演艺术家。令人大跌眼镜的是，汤姆在一次特别重要的演出中，却不幸从高空摔下，当场不治而亡。事发之后，汤姆的妻子痛心疾首，她说："我已经预感到他这次会出事的，因为他在上场之前，嘴里不停地在叮嘱自己'这次演出对我实在太重要了，记住，我只能成功，绝不能失败'。而在此之前的每一次演出中，他只关心走钢丝这件事本身，从不去关心这件事可能带给他的一切，但是这一次，汤姆太过于重视演出是否成功了，所以也就出了事。"而汤姆之所以特别重视这次的演出，是因为这次演出是电视直播，而且还有他的师弟和他同台献艺，他这个师弟的表演也已经到了炉火纯青的地步，汤姆内心里把师弟当成了对手，担心人们会发现师弟的表演已经超过了他。

反观我们生活中也是一样，无论考试也好，比赛也罢，总有人爱争强好胜，喜欢较劲，不管什么事情都想和别人一争高低，分个输赢，容不得别人比自己强，不允许别人占了自己的上风，而一旦自己失败，心理上就会难以承受这个结果……仔细想想，我们所做的任何一件事情，无论事情大小，性质如何，最后的结果无非有两种：或者成功，或者失败，不可能每个人都考第一名，也不可能每个人都拿世界冠军。成功固然令人欢欣鼓舞，但失败了也一样难能可贵。正所谓“失败乃成功之母”、“胜败乃兵家常事”，关键在于我们怎么看待成功与失败。

当然，有上进心是好的，这本来是无可厚非的，但是凡事都有个度，一个人如果太好强太要面子，太注重名利之争和结果，往往会把自己搞得身心俱疲，不仅达不到预期的效果，甚至出现相反的结果。瓦伦达之所以表演失败甚至搭上了自己的性命，就是因为他把成败得失看得太过严重了。他认为失败了就没脸见人，对别人就无法交代，自己必然处于极度紧张、烦躁的精神状态中，还怎么能保证自己正常表演呢？

当今社会中，各行各业都充满了激烈的竞争，无论你学历高低，职务高低，你都必须努力认真，向前奋进，否则很容易就会落后于形势、跟不上时代的步伐。所以，我们在工作中要主动认真，力争做到最好，以免落后于人，甚至被这个社会所淘汰。然而，自古以来没有常胜将军，职场上的一帆风顺只是相对而言的，没有哪个人总是绝对的成功，失败是我们每一个人必须要面对的事情。因此，在我们的生活中，我们一定要摆正自己的心态，以一颗平常心来面对成败。

美国人乔·吉拉德，在 15 年的汽车销售生涯中共卖出了一万三千多辆汽车，创造了吉尼斯汽车销售的世界纪录，被誉为推销界的“常胜将军”。别看

乔·吉拉德的销售业绩如此辉煌，可是回顾他以前的人生经历，这个今天的“常胜将军”经历的挫折和失败却是比任何一个人都要多得多。

乔·吉拉德于1928年出生于美国的一个贫民家庭。还在上小学时，乔·吉拉德就不得不开始打零工贴补家用，他靠给人擦皮鞋、送报纸赚点零钱。乔·吉拉德因为付不起中学的学费而被迫辍学，成为一名锅炉工，他在那里患上了严重的哮喘病，他只好转行从事建筑工作，这样一直过了13年。在这之前，乔·吉拉德一直默默无闻，是无数个普通工人中的一员，是一个彻底的失败者。同时，由于他有口吃的毛病，在与人交流时总是招来别人的冷嘲热讽。对人生充满失意的他，也曾经自甘堕落，甚至沦落到当小偷，开赌场。

35岁那年，乔·吉拉德的赌场破产了，负债竟高达6万美元。为了生存，为了还债，他走进了一家汽车经销店，不过他要做推销员的消息一传出，立即招来了大家的讽刺，因为他有一个致命的弱点——口吃。

在最初的推销生涯中，和乔·吉拉德一起从事推销的同事们很快就开始有了业绩，但是他一辆汽车也没推销出去，乔·吉拉德挺住压力，把推销对手们的嘲笑置于脑后，他告诉自己，只要努力，自己总有超过同事们的那一天。乔·吉拉德发现他的同事在推销过程中总是仗着自己的口才迫不及待地给顾客介绍，而他有严重的口吃，就因地制宜，特意放慢说话速度，以倾听顾客的需求和意见为主，有针对性地对顾客的问题一一解答，从而博得了顾客的好感。这样，乔·吉拉德开始卖出了自己的第一辆汽车，虽然在一段时间内，他的业绩还落后于同事，但他毫不气馁，相信自己总有一天会超过他的这些对手们。

乔·吉拉德紧紧抓住推销中的任何一个机会，如果他发现顾客有过几年才买车的打算，不管等多久，他都会隔三差五地打电话和顾客联系，每个月会定期给这些潜在的顾客邮寄印制精美的卡片，上面印着“I like you”的字样。乔·吉拉德的名片也是特制的令人有好感的橄榄绿，他逢人必发名片，即使是同一个人，每见一次面他就要发一张，直到对方收下为止。这样，几乎见过乔·吉拉德的人，都知道他正在卖汽车，而且一次次加深了这种印象，当这些人一有买车的念头时，自然而然就会第一个想到“乔·吉拉德”。

最终，乔·吉拉德凭着他的决心与毅力，业绩在众多推销汽车的对手中脱颖而出，在推销汽车方面创造了平均一天推销 3 辆汽车的奇迹，而且全是一对一地推销给个人。

每当有人采访乔·吉拉德为什么能成为推销界的“常胜将军”时，他认为这样说是不确切的，他说：“人生没有什么‘常胜将军’，所谓的‘常胜将军’，一定是他在成功之前，先经历了无数的失败和打击，然后才能创造出奇迹。”在乔·吉拉德看来，即使有人的业绩超过了他，他认为也是正常的，一定是因为那人付出了更多的努力。

职场中有着太多的成功与失败，每一个人都必须要摆正心态面对它们，只有这样，你才能够带着轻松愉快的心情去面对工作，才能够全力以赴地把所有精力投入到自己感兴趣的事情中，真正地彰显自己的实力。但是如果你太过注重事情的结局，急于想一口吃个胖子，一下就成功的话，反而是欲速则不达，适得其反，不但达不到自己的目的，甚至可能会出现与自己的目的相反的结果，那就得不偿失了。成功固然是好事，而失败是为以后的成功积累更多的经验，所以暂时的失败对于每一个人的成长来说未必不是好事。所以，你不妨让

自己放轻松一点，只要你在工作中确实付出了自己的努力，至于努力后的结果，你不妨顺其自然，坦然面对结果，这也是一种不错的选择。只要你为了取得成功去付出努力了，去奋斗过了，你就没什么可遗憾的，因为结局并不是某个人可以决定的，又何必把它看得那么重要？

人生没有常胜将军，我们每一个人对人生也应该持这样一种态度：成功也好，失败也罢，只要我们认真付出过，努力过，我们就应该微笑着坦然面对结果，只有这样才能够成就我们美丽的人生，我们的人生也会因此而更美丽。

5. 把对手看成自己的一面镜子

“物竞天择，适者生存”，无论是在弱肉强食的生物世界，还是高度文明的现代社会，只要是有生命现象存在的地方，竞争对手就会无处不在，这是人类社会发展的必然规律。

有一位科学家在对非洲大草原某条河流两岸的羚羊群进行研究时，意外发现东岸羚羊群比起西岸羚羊群来，不但体能好、奔跑速度快，而且繁殖能力也要强得多，科学家感到百思不得其解，因为两岸的气候、植被环境几乎没有什么区别，到底是什么原因呢？

为了解开这个谜底，这名科学家在取得当地动物保护协会的支持后，在河的东西两岸各捕捉了10只羚羊，然后把它们送往各自对岸。过了一年后，科学家发现，东岸的10只羚羊运到西岸后已经繁殖到了14只，而西岸运到东岸的10只羚羊被狼吃掉了7只，只剩下3只羊还活着。科学家恍然大悟，东岸的羚羊之所以奔跑速度快，繁殖能力强，得益于东岸附近生活着一个狼群，而西岸的羚羊之所以弱小，正是因为缺少天敌的存在导致长期懒散所致。

大自然中的一个普遍现象就是：没有天敌的动物往往最先灭绝，有天敌的动物则会逐步繁衍壮大。人类社会也同样如此。我们不妨仔细观察一下，你是否会发现，那些真正促使你成功，并激励你不断前进的巨大动力，往往不一定是你的亲朋好友，更不一定是精神和物质奖励的刺激，而是那些威胁到你生存的竞争对手。

某个商品展销会上，在摩肩接踵的人流中，有一位年轻却又拥有一家大型企业的公司老总分外引人注目。现在这个老总手中有很多项目，只要和他合作，就会有源源不断的利润进账，所以很多小企业的老板都争着和他套近乎，希望能从他手里分得一杯羹。有家小企业的刘老板也不例外，年轻老总看到刘老板也往他跟前凑，便笑着问："刘老板，你还记得我吗？我们以前可经常打交道的啊。"刘老板仔细看了看他，然后摇了摇头："对不起，我对你真的没有什么印象……"

年轻的老总说："刘老板，您贵人多忘事，可我却记得清清楚楚。我高中毕业那年没考上大学，因为家里穷，我就在街头摆了个鞋摊给人擦皮鞋。那时候你经常来找我擦皮鞋，可是我每次认认真真给你擦完了皮鞋，你都找理由说我擦得不干净，皮鞋不亮，让我再给你擦一次，否则便不给我钱。我发现，每次你找我擦鞋都是这样，我只好忍气吞声每次都给你多擦一次。可你知道我当时的想法吗？我把你当成了一面镜子，暗暗发誓将来我一定要比你有出息，有一个比你的企业还要大的企业，当一个比你还要大的老板。后来我重新回到学校复读，又靠助学贷款上完了大学。经过一番努力和拼搏，我有了今天的企业。刘老板，现在我最想和你说的一句话就是：谢谢你，因为是你成就了我的今天，成就了我的事业。"

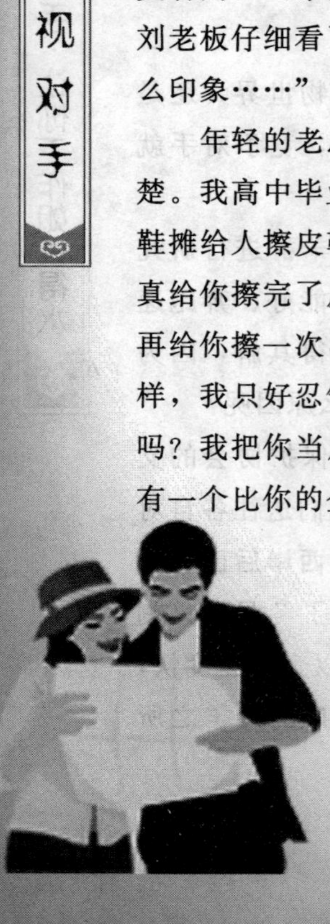

刘老板的脸一下子就红了，随后灰溜溜地钻出了人群。可能他做梦也没有想到，正是他当年的羞辱成就了一个年轻人今天的事业，当年街头那个貌不惊人的擦鞋工，现在已经拼搏成为一位事业有成的大型企业老板，而刘老板依然原地踏步，还经营着以前那个半死不活的小企业。

古人云："以人为镜，可以正衣冠"。在竞争激烈的现代职场中，要想在短时间内追赶并超越自己的对手，就要把对手当成自己的一面镜子，认真比较，照出对手与自己的长处和短处，尤其要找出对手成功的原因和方法，只有在充分掌握了对手和自己双方的情况下，才能找到突破对手的最佳途径，正所谓"知己知彼，百战不殆"。

很多人看到竞争对手确实很强大，但不去想对手为什么强，能发现对手的弱点，却看不到自己的弱点，觉得自己还有超越竞争对手的能力，但就是在关键时刻功亏一篑，总是会输给对方。而一个聪明的竞争者不会单纯地去盲目效仿对手的一举一动，而是能发现并跳出对手的局限，学到超越对手的本领，并举一反三，在学习中寻找到竞争的有力武器。

于建飞是一家肉食店的员工，负责销售肉食。虽然这个工作很普通，既不需要什么技术，更不需要什么智慧，但是他还是凭借自己的头脑干出了自己的成绩。于建飞上班不久，发现自己这个店的竞争对手另一家肉食店生意比较红火，便趁下班时机去竞争对手的店调查摸底，结果发现对手的店牛肉销售得很不错，而自己工作的这家门店目前还是一个空白。在第一时间，于建飞向自己肉食店的老板反馈了这一信息，没过几天，老板就按照于建飞的建议开始在店里销售牛肉，由于增加了肉食品种，满足了顾客不同季节对不同肉食的需求，加大了顾客的挑选余地，仅牛肉一项，每日净增销售额千余元。

不仅如此，于建飞还建议老板在经营中创新求变，因为对手店只是单一销售牛后腿肉和牛瓦沟肉，为了使牛肉的自营毛利提升，于建飞向老板建议由单一销售牛后腿和牛瓦沟，延伸到将牛肉产品精细加工分割销售，如牛展、牛柳、牛腱、牛后腿、牛瓦沟等多种经营品种。这样不但提升了毛利，也为顾客根据不同口味挑选肉食提供了帮助，扩大了挑选余地。为进一步降低牛肉经营损耗，于建飞还想办法采集卤料对牛肉进行深加工，在卤制过程中摸索出卤料配制的最佳方案，销售额连翻了几番。

于建飞把对手店当成了一面镜子，在对手店业务的基础上拓展自己的业务，提高了业务技能，也体现出了自身的工作价值。在这个过程中，老板完全放手让于建飞全面负责销售经营工作。于建飞从开始的经验不足，逐步找到了“感觉”，他甚至能在短时间内熟练自如地区分牛肉的各个部位，并向顾客详细介绍各个部位的特点，建议采取的烹饪方法，如同一个有多年经验的老师傅一样。

现在，于建飞已经担任分店的店长，他的信念就是把竞争对手当作自己的一面镜子，不断向竞争对手学习，舍其糟粕，取其精华，完善自我，不断提升自身经营管理能力。

时刻把竞争对手当作一面镜子，这面镜子就是你前进中的路标，它时时刻刻提醒你，你还需前进，终点还在前方。竞争对手更是你前行途中精神的激励者，时刻用自己的优势，提醒你人生如逆水行舟，不进步就退步，让你在风口浪尖享受和对手竞争带来的成果，这就是竞争对手的正面作用，它能带来奇迹的产生。

如今职场面临着日益严峻的就业形势，我们每一

个人都应该有一点危机意识，做好充足的参与竞争的心理准备，时时把竞争对手当作自己的一面镜子，以便对照发现自身的不足；把对手的优势当作你行程中的路标，提醒自己不能停下前行的脚步，在合理、公平的环境下赢得对手。

6. 风险与机遇并存

机遇往往是一个人事业成功的契机和开始。很多人都在说，之所以现在过得不好，是因为没有好的机遇，可是，当机遇真的摆在了面前，却又担心有那么多竞争对手的存在，会不会有很多风险？于是前怕狼后怕虎，为了躲避风险，连试一试的勇气都消失殆尽了，白白错失了机遇。

其实，我们每个人都被数不清的机遇包围着，但不是每一个人都能看到这个机遇，也不是只有你自己能看到这个机遇，你的那些同行们，你的那些竞争对手们，他们同样也在虎视眈眈地寻找着创业和发展的机遇。所以，你是否能够取得成功，关键在于你如何去认识机遇，利用机遇，抓住机遇和创造这些机遇。当机遇光临你的身边，你能准确把握吗？你看到机遇后面的风险了吗？你做好准备面对风险了吗？机遇就是这样，你没有准备好，并不代表机遇没有光顾你，而是你敢不敢去抓住这个机遇，通过你艰辛的努力与勤奋，很好地去把握这个机遇。不要总是抱怨事业难做，抱怨同行太多，说到底是对竞争对手的恐惧和厌烦。要知道，恰恰是竞争对手的存在，在给了你风险和压力的同时，迫使你发愤图强，激起你的创新活力，逼着你不断地发展自己，从而使你抓住了发展的机遇！毕竟，风险与机遇并存！

高琳经营一家快餐店已经两年了，由于这家快餐店坐落在两个生活区中间，周围又散落着几家公司，每日订餐的络绎不绝，供不应求，因此生意非常红火，除去开支，还有不少盈利。更让高琳感到心满意足的就是，周围只有她这一家快餐店，这样她的快餐店就不存在竞争和排挤的风险，这样安安稳稳，细水长流，积少成多，一年下来，收入也是相当可观的。

不料情况突变，一个月前，快餐店对面的那个干洗店因为生意不好转让了，紧接着有人在那里开始装修，也开起了一家快餐店，因为是新装修的店面，里面看起来更卫生、更漂亮，不但吸引了不少新顾客，高琳的老顾客也有一部分转向了那家新的快餐店。高琳所担心的危机来了，每到就餐的时间，她站在马路上，看着对面的快餐店里顾客满堂，而自己的店里却门可罗雀，冷冷清清，只有对面的快餐供不应求了，其余的顾客才会转而来到她的店。高琳的心里很不平衡，苦闷的时候她恨不能找几个人去砸了对方的店，教训一下人家，不要来抢她的生意。当然，这只是气头上的想法，违法犯罪的事情是不能干的，那样的结果也只能是两败俱伤。

和气才能生财。高琳开始向以前的老顾客询问对面快餐店的情况，顾客告诉她，对面店里的快餐比她店里的种类多，菜的口感也好。高琳静下心来，开始慢慢地分析，她先分析彼此的优势：对方的店地理位置好，条件也好，这已是不争的事实；而自己的优势在于，有一批老顾客，并且积累了一定的经验，但自己的缺点就是厨艺不过关，菜色和口感差一些，所以，要想竞争过对面那家快餐店这个对手，就必须取长补短，就必须对现状进行改革，打铁还要自身硬啊！

高琳先将自己的快餐店重新进行了装修，把店

内的布局进行了调整，更换了用品，里面窗明几净，一尘不染，令人耳目一新。在这个同时，高琳还报名参加了一个厨师培训班，使自己的厨艺得到了明显提高，同时她还新招聘了一位厨师，带来了新的菜谱，使店里的快餐增加了很多新品种和新口味，最关键的是，高琳从原来单纯经营午餐和晚餐，增加为经营一日三餐。每天天刚放亮，高琳带领员工们齐上阵，馄饨、煎饺、烧饼、油条、面包、豆浆等等，花样繁多、实惠的早点，又为快餐店带来了新的客源。每天清晨高琳的店里总是顾客盈门，为上班族们提供了便利。而中午和晚上，尽管对面快餐店的客人很多，而高琳的店也不含糊，回头客越来越多，而且呈现出不断上升的趋势，真是应了那句老话，“酒香不怕巷子深”。经过研究和观察，高琳又开拓分店和外送外卖市场，外卖中心设有 24 小时送餐电话，可以保证顾客得到邻近分店最快的送餐服务，保证饭、菜、汤的质量和温度。现在每天最多时可达到 600 多份外卖，她的外卖口味好，品种多，价格便宜，质量过硬，干净卫生，顾客都非常满意。一个月过后，高琳盘点下来，利润竟然是以前的三倍还多。高琳开始感激对面的快餐店了，正是因为这个竞争对手的出现，给她带来风险的同时，也给了她一定的压力，刺激了她疲惫的神经，从而激发出她的勤奋，抓住了新的机遇，创造了新的辉煌。

高琳最初对快餐店的经营，由于是独家垄断，没有外来户的竞争，在经营上怎么也不能像后来那样，为争夺顾客而拼命变着法地去改善口味，增加品种，提高服务质量。没有那种唯恐难以生存的压力，自然形成不了你追我赶、你好我更好的竞争氛围，当竞争对手一出现，生意便会立即一落千丈。

竞争的激烈，使得高琳感受到风险的同时，也发现了机遇，她从各方面入手，竭力提高快餐质量，从而使自己的快餐店在竞争中立于不败之地。

由此看来，竞争对手虽然会造成你一定的风险，但同时却能以强大的动力，激活你的智慧，激活你的生存能力。因为对手的存在，对手的压力，才能使双方从彼此身上找到机遇，在公平竞争的氛围中，共同走上了做大做强的发展道路。

纵观商场，一个行业如果没有竞争对手，没有任何风险，那么它的产品居然可以保持几十年不变。我们最熟悉的一汽的解放车，从 50 年代生产出第一辆车后，又经历了 30 年的时间，由于没有对手和竞争，三十多年的时间居然连一根螺丝都没有改变。后来，当东风汽车这个竞争对手出现后，一汽一下子就积压了上万台汽车销不出去，面临着倒闭的巨大风险。在竞争对手带来的压力下，从风险中发现了机遇，开始开发新产品。

当竞争对手威胁到你的生存发展时，不要惧怕暂时的风险，投入最大的精力去研究对手的长处，并创造性地学习运用，求得与对手的抗衡力和超常的发展力。正当的竞争，实际是一件好事，会逼迫着企业或者个人加快开发新产品，提高产品质量，改善服务手段。

既然你要战胜威胁你的对手，你必然会不遗余力地研究其短处，充分挖掘发扬自己的长处。强敌再强，也会有不足的地方，也会有软肋。抓住其弱点，大扬自己长处，便可与强敌一搏。既找到了对手的“软肋”，充分发挥自己的长处，又从对手处竭力吸吮先进的东西，为我所用。

所以，从某种意义上来讲，对手有时就是催化剂，它能在带给你风险的同时，也给你提供了某种成功的机遇，风险与机遇并存。没有竞争，失去对

手，也就失去了生存的活力和前进的动力。竞争对手让你不得不关注现实，学习其长处，使你大受裨益；研究其短处，让你少走弯路，直奔成功。因此，面对竞争，就必须以勇敢的心态去迎接它，要奋起昂然斗志，做得更好更大更强。

7. 对手不一定是敌人

在我们的周围，相信绝大部分的人都认为自己最了解自己，也最了解自己的竞争对手，而实际上，大部分人都不能明智地认识自己，当然也就更无法公正地评判竞争对手，他们最大的错误就是把竞争对手当作自己最大的敌人，却根本不清楚最大的敌人正是自己。试想一下，你在与竞争对手你追我赶的竞争中，是不是更激发了你的斗志，改善了自己？是不是有助于你走向成功？答案如果是肯定的，那么，这样的竞争对手不仅不是敌人，还是和你一起成长的同路人，因为竞争的结果是双赢的。因此，我们不仅不能把对手当敌人看待，而且还要学会欣赏对手，善待对手，尊重对手，因为他们在你的成功道路上起着助推器的作用。

NBA 公牛队曾经显赫一时，因为他们的球员都是在世界上名震一时的人物，更主要的原因是他们拥有乔丹这样一个具有传奇色彩的球员。乔丹的球技和人品都为世人共睹，但乔丹知道只有这样是不行的，因为篮球运动需要集体的密切配合才能取胜，一个人的能力再强也决定不了整个球队的命运。这时公牛队里出现了另一个明星球员皮彭，这也是个天才球员，皮彭的三分球命中率有时超过了乔丹，而且他也把单场得分超过乔丹当作他的目标。面对皮彭这个强有力的对手的竞争，乔丹没有把皮彭当作球场上的敌人，而是亲自鼓励皮彭要树立信心，并且夸奖他，他的三分球还有很大潜力，而且还亲自指导皮彭如何更准确地进球，就这样，在乔丹的技术指导下，皮彭的球技在不断提高，终于有一次，皮彭实现了他单场得分超过乔丹的目标。这时乔丹比皮彭更高兴，两人紧紧拥抱在一起，庆祝这个结果。再后来，乔丹和皮彭并肩作战、共同努力，双方的球技都得到了进一步的提高。我们由此可以看出，竞争对手非但不是我们的敌人，从某种意义上来说还是我们的良师益友，更是我们人生中难得的同行者。

当然，要把对手当作朋友需要大度，需要宽阔的胸襟。因为竞争对手之间确实存在着矛盾，但我们应该多想想双方利益一致的地方，努力使双方利益达到相对平衡。

有位导演曾回忆著名主持人杨澜未出道前的一个小故事：当时中央电视台《正大综艺》栏目准备招收一名新的主持人，全国六千多名报名者蜂拥而至。经过筛选，进入最后决赛一关的只剩下杨澜和另一名女孩，决赛主要考察两人的英语水平及对栏目的认识。竞争自然是异常激烈，胜负难料，可以说任何一点闪失都可能使人错失这次良机。但是，当这位导演从两个女孩身边经过时，他惊奇地发现杨澜正在认真地给另一个参赛的女孩讲着什么。原来那女孩有一点小小的语法不太清楚，万不得已只好向杨澜请教。其实此刻的杨澜完全可以抓紧时间积极准备自己的发言，而且可以利用对方的弱点赢得此次的比赛。可是杨澜却出人意料地给自己以及评委交上了一份满意的答卷……

当有人一次次问起她为什么要这样做时，杨澜淡淡一笑："我只是把她当成对手而已，并没有当成敌人……"杨澜能最终赢得这次机会，她出众的才华和

聪慧的头脑固然功不可没，但是她把对手当朋友，这种博大的胸怀则给了她一份可以包容一切的从容与自信。

如果我们把对手当成敌人，那么我们就容易盯住对手的缺点，甚至想置对方于死地，这种思想支撑着我们面对对手，不计较后果去夺取胜利，这种执著的精神是好的，是令人感动的，但是，感动之余，我们是不是应当冷静下来思考一下：这种拼个两败俱伤、鱼死网破的结局是我们想要的吗？既然彼此对立对谁都没有好处，为什么不试着把对手变成朋友呢？

在上个世纪八九十年代，娃哈哈和乐百氏同是当时中国饮料业的“大亨”，同时也是一对强有力的竞争对手。而在两家企业持续了十年的竞争当中，曾发生过这样一件值得人深思的插曲：

有一年，一名亡命之徒为了向娃哈哈企业要挟钱财，暗中在娃哈哈果奶中投了毒，结果导致两名小学生中了毒，危在旦夕。消息被捅到新闻媒体后，一些小的果奶企业也趁机把刊发中毒新闻的报纸广为散发，或者干脆传真给有关经销商。

当时娃哈哈的董事长宗庆后正在国外考察，当他获知这一情况，非常着急，立即打电话给宣传部门，希望能通过上级制止这一容易造成恶劣影响的新闻继续传播。然后他又把电话打给了乐百氏的董事长何伯权。何伯权接到电话后，当机立断通知全国的营销网络，严令不得随意传播这一恶性事件。

有人百思不得其解，问何伯权，这是一个打击竞争对手娃哈哈企业的绝好机会，为什么放弃了这个机会？何伯权回答说，这种恶性事件的扩散是对整个果奶乃至饮料市场的伤害，乐百氏如果借机打击娃哈哈这个竞争对手，其结果是往自己脸上打重拳，自己也不会得到好果子吃。因为他明白，在商战中，如果把对手当成敌人，并且不计后果地攻城略地，大肆进攻，往往会伤害到自己身边的生存环境，其结果，只能是两败俱伤。

无论是在生活中还是在职场中，我们每个人都存在着很多意识不到的缺点，旁观者清，竞争对手反倒成了最直接的老师，当对手抓住你的缺陷，下次你自己就注意改正这个缺点了，比领导提醒还管用，这就是竞争对手的作用。它却总能从负面提醒你，让你意识到压力，感到重重困难，这绝对是你积累工作经验、提高自身实力的好机会。在与对手的竞争中，你找到了锻炼的机会和进步的动力，这样的竞争对手难道还能看作是你的敌人吗？

陶莉大学毕业后在一家公司办公室做文员，同事林姐比陶莉早来公司两年，虽然学历不高，能力有限，但是她却对办公室主任一职起了觊觎之心。由于陶莉长得漂亮，学历又高，而且办事能力也比较强，所以林姐把陶莉看成是她升任办公室主任一职的绊脚石，总是想方设法抓陶莉的小辫子。陶莉起初不知道这些隐情，她在学校里心直口快惯了，有时候对公司有点意见什么的，有意无意地就对林姐说了，自然，陶莉发的那些牢骚话也被林姐添油加醋传到了领导的耳朵里。平时陶莉工作出一点小差错，领导也会马上知道，尽管林姐的错误比她要多得多。

在受过领导的一次批评之后，陶莉暗暗叮嘱自己，一定要管住自己的嘴巴，平时绝不在背后说别人的是非，这样林姐就没法抓她的小辫子了。在工作上，陶莉再也不敢马虎大意，总是尽职尽责，一丝不苟，所有工作都做得天衣无缝，滴水不漏，林姐想抓点小辫子都抓不到了。陶莉的人品和工作能力得到了大家的一致好评。

两年后，办公室主任离职时，她顺理成章地接任了。林姐立马换了一副嘴脸，马上笑嘻嘻地来和陶莉套近乎，还说以前有不对的地方请陶莉包涵，陶莉表

示不在乎。因为陶莉已经懂得了，如果不是有林姐这个对手给她施加的种种压力，她又怎么能改掉以前“大嘴巴”和工作马虎的坏毛病呢？

世上没有绝对的敌人，职场亦是如此，我们应该敞开胸怀，用欣赏的目光接纳你的对手，让对手化为自己前进的强大动力，成就你的人生。

8. 永不言输，坚持到底你就赢

在我们的身边，无论是考研还是求职，或者是创业，总是有太多的失败在等待着我们。于是更多的人在抱怨，“竞争对手太多了，我曾努力了一次又一次，可就是成功不了。”或许有些人真的努力过两次、三次，乃至于七八次，但因为不见成效，结果就放弃了坚持的念头。其实，这些人之所以失败，就是因为没有持之以恒的毅力，不能够坚持到底，无论对手有多么强大，只有永不言输，坚持到底你才能赢。

唐莉莉大学毕业后，只身前往广州求职，经过一番笔试、面试，唐莉莉和另外两个女孩被一家公司初步录用，第一个月为试用期，如果试用合格，就可以签合同聘用为正式员工。

一个月的时间很快过去了，在这段时间里，唐莉莉和另两个女孩都把其他两人看作是竞争对手，彼此都很努力，因为她们中只能留下两个人。到了二十九天时，公司主管根据她们三人的业务能力和平时的表现，一项一项给她们打分。总分出来，唐莉莉的分数比另外两位女孩少了一至二分。公司老板托主管转告唐莉莉，明天是她最后一天上班，后天就可以结算工资走人了。最后一天上班时，看到唐莉莉还在认真工作，另两个留用的女孩和其他同事都关心地劝她说，干吗还这么认真呢？反正她一个月的试用期工资公司会一分不少的发给她的。

可唐莉莉微笑着说："昨天的工作还有点尾巴没处理完，如果我不做完，别人也没法接手，我很快就会干完了，干完再走也不迟。"到了下午四点多钟，唐莉莉最后的工作做完了。又有同事好心劝她可以提前下班了，可唐莉莉笑笑，依旧不慌不忙地把自己工作过的桌椅擦得干干净净，桌面上的文件整理得整整齐齐，甚至还倒空了废纸篓里的垃圾，然后才和那些同事们按时下班了。唐莉莉面对某些同事不解的目光和讥讽的眼神不以为然，她认为自己做得对，觉得自己站好了最后一班岗而感到很充实。

第二天，唐莉莉到公司的财务处结账，结完账，她正准备离开公司时，公司老板却迎面走来，并郑重地对她说："我正式通知你，你可以留下来了，从今天起，你成为质检科的一名正式员工。"

唐莉莉一听，愣住了，她觉得简直就像做梦一样，不相信会有这种好事。老板微笑着解释说："昨天下午我一直在暗中观察你，面对即将离开的工作，你仍然工作得那么认真，能够坚持工作到底，我们公司缺少的正是你这样的员工。正好我们公司的质检科需要一位尽职尽责的质检员，我相信你就是最好的人选。"唐莉莉又激动又兴奋，她庆幸自己能够坚持到底，最终赢得了这份工作。

唐莉莉的经历对现在的职场新人来说，无疑有很大的借鉴作用。初入职场时，不要计较一时的得失，坚持下去，积累经验、摆正心态是极其重要的。不要轻易放弃，只有永不言输，坚持到底，你才有机会赢得最后的成功。

当我们一旦在工作中养成了虎头蛇尾、半途而废的坏习惯，就永远与成功无缘了，因为你不可能出色

地完成任何任务。如果你觉得自己能力非凡，而工作业绩却不如你的竞争对手时，那么不要急于抱怨，最好自我反省一下：自己做工作时是否把工作坚持到底、善始善终了？如果你没有坚持到底，半途而废了，那么不言而喻，这就是你为什么失败的原因。任何一件工作，如果你想赢得成功，就要有始有终、彻彻底底地去完成它，持之以恒是你赢得成功，顺利完成工作的重要因素。

做事只要半途而废，那前面的所有努力就等于白费。只有经得起挫折及种种考验的人，才能取得最后的胜利。因此，不到最后关头，决不轻言放弃，要一直不断地努力下去，赢得最后的胜利。

能否坚持到底，可以说是判断一个人成功与失败的标志。比如马拉松比赛，起跑的时候运动员可以说是成百上千，但是跑出一段路程之后再看，运动员的数目便渐渐少起来，因为那些坚持不下去的人，逐渐自我淘汰了，而且全程都跑完的人更少，冠亚军实际上就是要从这些坚持到最后的运动员当中产生出来。

其实工作也好，比赛也罢，成功与失败往往只是一步之差，起决定作用的只是最后那一瞬间，不能坚持到底，中途退出的人永远不会赢得胜利。

一家著名企业招聘推销员时，公司人力资源部经理只粗略地看了一下应聘人员的应聘材料，便说“电梯坏了”，于是七八个应聘者跟着经理往 30 楼的办公室爬去。但是大多数人待在一楼等电梯修好，那七八个人中有几个爬了十几层楼也放弃了。经理对坚持到最后的几位应聘者宣布，他们都被聘用了，而其他人则全部淘汰。一个连爬几层楼都不能坚持到底的人，肯定成不了优秀员工，更成不了优秀的推销员。

世界上有很多看似不可能的事情，只要你坚持自己的目标不放弃，就有可能看到奇迹的发生。由于习惯、主观认知等原因，我们每个人都有这样或那样的一些潜能不能被挖掘出来。很多时候我们觉得坚持不下去了，其实我们最大的潜能还没发挥出来，当我们咬紧牙关坚持下去，就会发现其实我们比自己想象的要强大得多！坚持到底，我们才能最大限度地释放出我们自身的潜能，才能品尝到成功的喜悦。

在我们的身边，推销员应该是最容易遭到拒绝的职业了，也是最容易让人产生畏惧和厌倦的工作。数不清的推销员忙碌了很久，付出的也不算少，却没有取得成功，而是在众多的竞争对手中败下阵来，他们之所以失败，就在于遇到挫折时放弃自己的追求，缺乏坚持到底的精神。

一个推销员，如果在推销失败、遭人拒绝、嘲笑时就畏惧、退缩、甚至放弃，那成功怎么会找上门来呢？只有具有坚持不懈、决不放弃的心态，才有成功的那一天。

很难有几个人能受得了一二十次的拒绝，更不用说上百次或上千次的拒绝，然而这也就是成功的可贵之处，不轻易因被拒绝而退却，要不达目标绝不罢休。

苏梅是一家外资企业老板的秘书，自身素质较高，也想在事业上有所发展，所以她开始尝试做销售。开始时她负责的区域不是太理想，因为缺乏经验，总也做不好，甚至有了辞职的念头。但苏梅坚持了下来，她在这个过程当中，努力让自己比别的竞争对手多做些，多了解一些，而且比较认真地去做事情，经过一点点积累，苏梅终于成功地击败了众多的竞争对手，变成了公司最好的销售员，后来一跃成为全国的销售冠军。苏梅的心得体会就是，要坚持下去，不要轻言放弃，如果碰到困难就逃避，你终会发现自己有

一天无路可逃。

坚持到底，永不言输。这是一个再简单不过的道理。坚持才可能有所积累，而有所积累才会让我们有动力坚持下去。行胜于言，从现在开始，永不言输，坚持下去，你就会赢得成功。

9. 取对手的长处发展自己

俗话说：尺有所短，寸有所长；金无足赤，人无完人。没有哪个人的一生是完美无缺的，更没有一个人完全不借助外力的作用而取得成功。取人之长，补已之短，正是一个聪明的职场人赖以成功的秘诀，他们懂得竞争对手的长处正是自己的短处，通过采纳并学习竞争对手的长处，来弥补自己的短处，使自己得到更好的发展，从而更快更便捷地达到成功的目的。

1998 年法国世界杯足球赛上，韩国队在和荷兰队的比赛中惨败，荷兰队教练希丁克的名字因此而被韩国球迷牢牢记住。让全世界吃惊地是，2001 年，韩国人却聘请了这个曾经带给他们耻辱的荷兰队教练希丁克作为韩国国家队的教练。希丁克走马上任以后，带领韩国队不断同高水平的球队比赛，既能丰富球队的比赛经验，而且可以在实战中完善球队的战术打法。

在不懈的努力下，希丁克执教的韩国队球艺大进，在 2002 年的世界杯足球赛上，韩国队获得了前所未有的好成绩。在巨大的胜利面前，人们不忘总结经验，韩国队之所以能够取得胜利，是因为他们能够主动向竞争对手学习，把荷兰队的教练聘为自己的教练，取人之长补己之短，最终获得了胜利。无论是在赛场上，还是在职场中，主动拜我们的竞争对手为师，主动学习对手的长处，逐步完善自我，从而弥补自己的不足和短处，这才是我们走向成功的聪明做法和捷径。

在职场中，能够做到取人之长，补己之短，就好比是借用对手的一双大手帮自己多抓了几块糖果，通常情况下，竞争对手的长处也正是我们的短处，这也是我们之所以会成为对手的原因。每个人的能力是不一样的，要做好自己力所能及的事，不能只靠单打独斗，依靠团队的合作也很重要，一个人要有自知之明，要能看到自己的不足和缺点，同时要善于看到别人的长处和优点，学会同别人合作，这样才能取长补短，相辅相成，提升个人价值。

李勇最近因为工作的关系，经常与另外一个部门的同事孙涛联系。孙涛大学毕业不久，是学理科的，有着严密的逻辑思维，对任何工作都追求十分合理的逻辑性。但是孙涛可能工作时间短，也可能是性格本身的原因，他并不是一个容易沟通的人，几乎不懂与人交流的技巧，甚至有时他生硬的态度，让人觉得很难接受。李勇打心眼里不愿意与他沟通，心里也认为他的性格太过于偏执，甚至觉得他并不适合这份工作。有时候李勇要和孙涛交流一件事情，几乎要费尽心力却还在原地打转，孙涛并不懂得谈判，却是让李勇觉得他是最难对付的对手。

时间长了，李勇和孙涛交道打多了，心里也渐渐对孙涛生出了敬意，李勇觉得，孙涛的身上固然有一些缺点需要改进，但是他身上也有不少自己所不具备的优点，比如孙涛做事非常认真负责，细致谨慎，每次李勇和孙涛一起工作时，孙涛对于数据、图表格外的精心，每一步都经过了反复的验算，确保没有偏差。李勇虽然在待人接物方面要比孙涛成熟得多，人缘也比较好，但是所做出的报表，总是难

免出现一些误差，有时候上司就会拿李勇和孙涛作比较，孙涛成了李勇在工作上的竞争对手。

李勇决心要向孙涛学习，他做事逐渐变得细心起来，遇到一些拿不准的问题，他还虚心向孙涛请教。在孙涛的潜移默化下，李勇做出的报表，也越来越完美了。现在的李勇，无论是待人接物，还是工作，都受到了上司和同事们的认可，恰逢一次合适的机会，李勇被提拔到了中层管理的位置上。如果李勇只是将目光放在别人的不足之处，并对此品头论足，对别人的闪光之处却视而不见，那么他也就不会有所进步，并取得今天的位置了。

汉朝刘邦在总结自己成功经验时，讲过一段发人深省的话："运筹帷幄之中，决胜于千里之外，吾不如子房；安国家，抚百姓，给饷银，不绝粮道，吾不如萧何；统百万之军，战必胜，攻必取，吾不如韩信。此三者，皆人杰也。吾能用之，所以取天下也！"人各有所长，古人尚且懂得取他人的长处发展自己的事业，处于当今职场，我们更应该懂得这个道理。

职场上不可避免地存在竞争，适当的竞争能够促进一个人的成长，但是这取决于我们对竞争对手持什么样的态度。一个没有对手的人必定会成为一个不思进取的人，只有竞争对手会让我们充满活力。当你有了竞争对手，不要整天抱着嫉妒打击对方的心理，要抱着欣赏对手，向对手学习的心态，学习对手的长处来弥补自己的短处，这样才可以全面提高自己，从而战胜竞争对手。

在职场中，只要注重取长补短，就一定会使你的优势有所创新，短处有所改进，更能完善你的素质，突出你的能力，你能够承担的工作任务也会更多更有考验性。注重取长补短还能拓宽你的发展空间。因为取长补短，你必然要与周围的同事增进交流，加强与同事的沟通，能融洽同事间的感情，和谐同事间的人际关系，营造出团结共事的氛围，无形中增进上司、同事对自己的认可，对事业、个人的发展不无裨益。同时，通过取长补短使你的素质得到了全面发展，所面临的机遇更多，所接触的领域更为广泛，取得事业成功的几率也就越大。

取他人的长处发展自己，绝不是让你一时兴起而为之，也不是暴露短处后而为之，需要你常抓不懈，持续不断地努力，从而使自身短处从量变走向质变。所以这需要你要有补短克弱的紧迫感。只有实实在在、持续不断地做到取长补短，你才能不断进步，才能取得事业的成功。日常工作中，既不能满足于扬长避短，也不能因为有所进步而沾沾自喜，对于自身的短处必须如坐针毡，主动积极学习他人的长处予以克服和解决。要有勤学苦练、全面提高的思想准备，坚信勤能补拙，同时要有博采众长的学习力，保持时时处处皆学问的学习心态。须知山外有山，人外有人，自己的长处只是相对的，要深学苦学，力求精益求精，短处是显然的，要加倍努力，尽早缩短差距。取对手的长处发展自己，要形成为我所用的常态化。学习只是一种掌握，还需要不断在工作中印证取长补短的成效。对失败不服输，对机遇不放弃，勇于在取长之后从头再来，积极在补短之余证明自己。只有这样，你才能让人刮目相看、另眼相待，才能使自己完成人生一个质的跨越。

以敏锐的观察力来了解竞争对手，以宽容的态度来接纳竞争对手，以弹性的方法来对待竞争对手，只要你坚持这样做下去，你一定能够发现竞争对手的长处，并且很自然、很合理地取他们的长处来发展自己，弥补自己的缺陷。

10. 充满危机感的人才能生存

职场的竞争之激烈不用赘述，我们要想在职场中生存下来，让自己跟得上社会发展的步伐，就要居安思危，就不能安于现状，而应该时时刻刻都要有危机感。如果你满足于目前的现状，就很难看到自己所面临的危机。如今职场的竞争日益激烈，知识更新换代非常快，不学习不发展就退步，如果你安于原地踏步，陷于安逸的生活而不自拔，更不去努力学习新的知识，逐步提高自己的竞争能力，有意识地为自己做两手准备，那么最终结果只有一个：被社会淘汰。因此我们的选择只有一个，那就是主动出击，抓住一切可以提高自己和充实自己的机会，不断充实和提高自己，只有这样才能在职场中更好地生存。所以，我们一定要时刻充满危机感，不断给自己施以压力，压力就是动力，危机感越大，压力就越大，动力相应地也就越大。当我们经过一番努力，知识掌握得更全面了，也更能跟上时代发展的步伐了，那么就可以这样说，无论生存环境如何改变，我们都有能力很快适应，而不容易被社会所淘汰。

当一个人充满危机感时，就可以激发他的责任心和敬业精神，可以激发他的忧患意识，并能够时刻将企业的前途和自己的前途联系起来，当其他同事都安于现状的时候，他们却能够时刻保持清醒的头脑，将工作做到他人的前面。

李华和孙强都是同一家手机公司研发部的工程师。李华这几天一直愁眉苦脸，似有满腹的心事。孙强和他开玩笑说：“李工是不是太不知足了？咱们研发部早已顺利完成了公司下达的任务，薪水轻轻松松就能比其他部门拿得还高，你应该高兴才对啊！而且你我刚接的这个任务更简单，仅仅是改进一下手机的外形，完成这个任务对你我来说简直是小菜一碟啊。”

李华郑重地说：“我可不是为了薪水苦恼，也不是担心完不成任务，我这几天是在想，我们这么多人，整天坐在办公室，每天的工作就是完成公司交给的任务，改变一下手机的外形，然后就无所事事地混到下班。咱们也都看到了，现在手机市场的竞争太激烈了，我们的那些竞争对手们手机功能和款式不断推陈出新，我想我们能不能主动一些，多对市场做些考察和研究，给公司拿出些新设计新创意来？”

孙强撇了撇嘴说：“李工，别没事找事了！现在我们的手机就已经是世界著名品牌之一了，我们设计出来的手机，技术性能和外观形象，都早已得到用户的肯定，功能和外形方面不可能有比这更好的创意了！再说了，即使有了好的创意，公司和用户能不能认可还是个问题呢，就怕到时候我们付出了汗水，到头来却是做了无用功。”

孙强说的不无道理，但是李华可不这样认为，他暗暗下了决心，一定要在保质保量完成公司任务的基础上，多多进行一下市场方面的调查和设计方面的学习，针对不同消费者的不同需求，给公司设计出更受用户欢迎的手机来。

有了危机感，李华除了完成公司交给的任务外，满脑子考虑的都是如何让自己设计的手机更符合消费者的需求。

终于，在李华的努力下，他根据不同消费者的需求，设计出了不同功能和外形的手机。老年消费者因为视力下降，所使用的手机屏幕和按键都要比普通手机大很多，年轻人使用的手机不仅外观漂亮，颜色多样，而且各种功能齐全，一部手机在手，摄影、炒股等功能一应俱

全，功能不亚于一台电脑。这样的手机设计很快获得了公司的首肯，产品上市后受到了消费者的热捧。

李华不但实现了自身的价值，他还得到了公司应有的奖励，现在，他已经是研发部的主管了，但是李华仍不满足，因为他认为，危机是时时存在的，新设计很快就会被淘汰，他现在需要做的，就是把危机感当作动力，不断地实现新的目标。

而毫无危机感，安于现状不求进步的孙强，他设计出来的作品，都是早已经被市场所淘汰的了，随着研发部设计人才的不断增加，孙强终于被激烈的竞争所淘汰了。而李华正是由于他的危机感和责任感，才有了他今天的辉煌。

不可否认，职场中，很多人都缺乏责任感和危机感，就是因为缺乏危机感，缺乏在危机感中寻找发展的动力，才导致了他们在职场竞争中的失败。只有有了危机感，才能把危机感化为动力，把不可能化为可能，从而练就绝处逢生的本领。这种危机感，如果看不到竞争中存在的对手，是很难领悟到的。

常有人说，我的要求不高，我不想升职加薪，也不想事业上有多大的成就，只要在目前这个位置上安安稳稳，能够养活自己就可以了；还有的人说，我现在的企业效益很稳定，我的待遇也很稳定，没有必要活得那么累。但是我要告诉你，现实好像没有这么简单。因为即使再稳定的工作，你也不知道什么时候就会出现风险。物竞天择，适者生存，这是一条不变的法则。你不与别人竞争，并不意味着别人不会与你竞争；你不淘汰别人，并不意味着你不会被别人淘汰。别人进步的同时你没有进步，相比之下，你就等于退步了。当同事对你造成威胁时，当企业并购或者倒闭时，当又一次更猛烈的经济危机来临时，你会不堪一击，坐以待毙！在这种情况下，你个人的安稳又从何而来？

斯坦福大学的理查德教授曾经说过：“21 世纪，没有危机感是最大的危机。没有危机感，其实就有了危机；有了危机感，才能有效地避免危机。”有危机感的人才能生存，而危机感往往来源于我们的竞争对手。所以从这个角度来说，拥有一个强劲的竞争对手，其实是我们的一种运气、一种造化。有了强大对手的存在，我们才会有危机四伏的感觉，这种危机感给了我们很大的压力，从而激励我们不断发奋图强，锐意进取。

第二章：透视（同事）对手，让你工作如鱼得水

1. 正确推销自己，让你面试脱颖而出

职场的竞争是激烈的，职位就有那么多，求职大军却如过江之鲫，所以，要想在众多的求职者中脱颖而出，懂得正确推销自己就显得特别重要。在求职之前，所有的求职者其实也都是你的竞争对手，如果你在面试应聘时，能够正确推销自己，那么你就会给面试官留下深刻的印象，从而在众多的竞争对手中脱颖而出，获得求职的成功。其实，学会正确推销自己，是我们每个人在踏入社会前都应该具有的生存技能。

很多大学生在求职时，从来不认真考虑和仔细比较，哪些招聘单位的用人职位更适合自己，是与自己的专业和理想相关的，自己也能够胜任的。而是盲目的四处求职，将简历天女散花一般见人就发，却不去好好想一想，怎样才能更好地将自己推销出去，让用人单位更多地接触和了解自己，这样，求职成功的机会才会更大一些。

好酒也怕巷子深，毫无争议，一个不会正确推销自己的人，也会使自己的才能贬值。每个人都有自己的优势，只要你能正确认识自己，及时抓住身边转瞬即逝的机会，在合适的时候勇敢地表现出来，你的才能就会被他人发现。从学校踏入职场，求职面试总是不可避免的，在众多的竞争者中，谁善于把自己的优势在面试官面前展示出来，使面试官充分认识自己，了解自己，也就成功地完成了自我推销的第一步。

周正军大学学的是工商管理专业，但他自己却对广告业感兴趣，更愿意成为一名广告创意人员。在一场大型的人才招聘会上，周正军看好了一家广告公司，但是这家公司目前只招聘营销员，条件也很严格，要求应聘者必须是市场营销专业的毕业生，如果周正军贸然递上自己的简历，估计人家连看都不会看。周正军经过思考后，决定主动上门推销自己。轮到周正军面试时，他并没有像别人那样先递上自己的简历，而是先对面试官简单地作了自我介绍："我大学学的是工商管理专业，对计算机相关技术比较精通，对广告设计、编排等程序也很熟悉，而且有过这方面的经验，我大学每年的暑假都在北京一家广告设计公司实习，积累了不少相关经验。"

面试官一听，对周正军很感兴趣，便要求先看看他的简历。但是周正军仍然没有递上自己的简历，而是继续询问："我发现贵公司这次要招聘的是市场营销专业的学生，你们能不能告诉我，贵公司为什么只招市场营销专业的学生呢?"面试官告诉他，因为广告公司想扩大业务，所以想招聘能开拓市场的学生，而市场营销专业的学生通常对开拓市场比较专业。周正军立刻声明："我的开拓能力很强，尤其对市场营销方面非常熟悉。"面试官于是再次提出要看周正军的简历，他才告诉对方："我们学校没有市场营销专业，我虽然是学工商管理的，但是我的市场营销课学得很好，毕业考试我得了98分。"几天后，周正军如愿以偿地成为了广告公司的新员工。

在应聘过程中，很多求职者往往一看到和自己专

业不对口的工作，根本就不会考虑，一般扭过头来就走，可是如果你确实非常喜欢这个工作并认为自己完全能胜任，你就不妨像周正军那样，抓住合适的机会，在与面试官对话的过程中，把你某方面的才能正确地推销出来，让他相信你所具备胜任这项工作的才能。

有的人很内向，不善于自我推销，一讲到自己的长处就显得难以启齿，或者过于谦虚，这绝不是求职应试者真正有效的自我推销。正确的自我推销就应该直奔主题而绝不含糊其辞。如果本着谦虚谨慎的原则，缩在大堆求职者的后面，又怎么能成功呢？

要想把自己正确推销出去，需要掌握以下几个原则：

首先，对自己进行一下精包装，是自我推销的必修课。在推销自己的时候，只有注重对方的需要和感受，才更容易被对方所接受。推销自己时，外包装的水准关系到对方对你的印象好坏，因此你必须注意自己的穿着，给人留下衣着得体的第一印象，所以你必须懂得修饰自己的形象。广义来讲，外包装并不仅仅是指服装，还包括你的表情和语言。微笑是你最好的介绍信，对方如果觉得你可亲可爱，就会自然而然地被你吸引。自我介绍时，要语调适中，言辞谦和且留有回旋余地；向对方提出问题时，要态度落落大方，语调中肯自然，这样才能使对方向你敞开心扉，把你所要了解的情况和盘托出；回答问题可以旁征博引但不要有炫耀之嫌，能表现出你的博学多才和风趣足矣。愉快的谈话是一个成功推销自己的过程。

其次，推销自己要从引起别人的注意开始。如果别人都注意不到你的存在，那推销自己还有什么用处呢？如何引起别人对你的注意呢？关键是你的表现要与众不同，要让别人从众多的竞争对手中一下就能记住你。当然了，所谓的与众不同，未必一定要有很高的学历，只要是接受你的人认为你有鲜明的特色你就成功了。因此，当你推销自己时，要有灵活的指向。因为不同的单位对人才有不同的需求和偏重，针对求职单位的需求和面试官的感觉，正确展示自己，说服对方，尽量少说与此项工作无关的优点，这样更容易取得成功。

再次，正确认识和评价自己，在自我推销中很重要。要正确客观地认识和评价自己，一方面，完全依赖于自己日积月累形成的实力；另一方面，你必须具有独到的视角。你必须清楚地明白，自己有哪些优势是其他竞争对手所欠缺的？寻找自己的优势时，可以回顾自己过去的成绩表，也可以请周围的熟人对自己做一个客观的评价，从他们眼中找到你所具备的优势和长处，然后针对你的优势和长处进行恰当的包装，为完成自我推销做准备。进行自我推销时，言之有物才能吸引对方的注意力，使对方更进一步了解你。如果对方没有问及自己的长处，也应适时把握机会展现，化被动为主动，将对方的需求和自己的长处作有效契合，使对方产生“舍我其谁”的感觉。

最后，如果你在面试时能恰当地表现出一种归属感，常能取得良好效果。用人单位招聘人才的目的，无非是寻找工作上的合作者，而只有那些对未来的单位怀有强烈归属感的人，才能把自己个人的前途与集体的利益挂起钩来，才能与集体同甘苦，共患难。因此，进行自我推销，应多站在用人单位的立场上考虑问题，这样容易得到招聘人员对你的好感，进而达成自己的目的。

胜败乃兵家常事，自我推销也要具有良好的心理素质。如果你去求职，面试到一定时候，如果发现时机不对或者对方对你没有兴趣，就要不卑不亢地表明自己的态度，或者自己找个台阶下，切不可死缠烂打，无理纠缠，给人留下不讲理的印象。推销不成功，可能有自身的

原因，也可能是对方要求过高等等。这时，你就要及时调整心态，要相信，经过努力，你总会找到属于自己的工作舞台。

每个人都要学会推销自己，在求职的时候，大家都在同一个起跑线上，而能够正确推销自己的人，才能将主动权掌握在自己手中。

2. 求职，别管对手有多“牛”

每年的人才招聘会现场，火爆的场面总是让人叹为观止。当初出“茅庐”的毕业生去求职时，看到多达几百甚至上千的竞争对手站在面前，一种畏惧的感觉就会油然而生，在这一大堆出身北大、清华等名校甚至是研究生、博士生的竞争对手面前，自己能行吗？

当前的就业形势是如此严峻，僧多粥少的局面，让你在求职时，遇到很“牛”的竞争对手是非常平常的。如果求职前，你在偶然的机会里了解了“牛”人们的求学、求职经历，相信你已经有了莫大的压力，如果看到他们的简历，可能更让你相形见绌、自惭形秽，恨不得转身逃之夭夭。其实越是这个时候，你越不能气馁，一定要记住：求职，别管对手有多“牛”，保持自信，对于求职来说才是最重要的！

也许你的学历不如对手高，也许你参加的社会实践没有对手丰富，即便如此，你也要在面试时充分保持自信。因为当你真正和用人单位接触时，他们真正对你感兴趣的，绝不是你在简历上的光辉业绩，绝不是你之前曾经做过什么，曾经有过什么出色的成绩，而是你加盟他们单位后，能够为他们做些什么，有没有可挖掘的潜力。比如你的个人气质，是无法体现在你的简历上的，只要你对自己充满自信，就能在气势上压倒你的对手，你得到这份工作的几率也就很大了。可是，如果你自己都不相信自己，内心里认为自己就是比对手差了一截，那么你在展现自己的时候，肯定就不如别人了，这个机会还会属于你吗？

当然了，面对众多出色的竞争对手，要做到自信并不容易。首先你要克服对手带给你的不良影响，其次你要克服自我否定的畏惧心理。职场上流传着这样一个求职故事：有个大学毕业的年轻人到北京的一家大媒体，应聘法制记者一职，等待面试的时候，他与其他应聘者一起聊天，谈起自己的英语成绩不是很好，那个人惊讶地问："你的英语连专八都没有过吗？"那副表情仿佛在说，你连专八都没有过，还来这里应聘什么？就别浪费时间了！的确，这句话像是兜头给了年轻人一瓢凉水，因为他太知道自己的弱势了，在以前求职的过程中，他也因此而耿耿于怀，有几次求职本来很适合自己职位，但就是因为考虑到英语成绩不好，而没有敢去应聘。而现在距离年轻人面试只有短短的十几分钟了，如果不重新树立信心很可能影响自己的面试成绩。年轻人深吸一口气，对自己说：我面试的是记者，不是翻译，对英语成绩没有那么高的要求，相信我，一定没问题。最后年轻人如愿以偿赢得了这个职位。虽然你不可能会遇到这样打击你积极性的人，但是如果遇到了一定要相信自己，不要被吓住，面自己的试，自信地做好自己就可以了。

面试阶段是求职中最重要的一关，用人单位会考察应聘者的气质和基本业务素质，而自信是最被用人单位所看重的。你的面试能不能过关，也许在面试人员见到你的最初几分钟就被决定了。实际上，

从你进入面试人员视线的那一刻起，面试人员就已经开始了考核。

初出校门的年轻人在准备面试时，总是把精力放在准备面试要问的题目上，用心准备答案，却忽略了言谈举止这些“小事”，这样你就吃大亏了。因为，面试人员会抓住任何一个细节来考核你的综合素质的，面试考核的内容通常包括你的着装、发型，坐姿站相，以及与主考官问候、接送资料的举止，你的穿着打扮要本着整洁、大方、得体的原则就好，其实你是否对自己充满自信，你的整体气质便会告诉面试人员答案的。

有的年轻人可能觉得自己不是毕业于名牌学校，便自觉低人一等，求职的时候不肯透露学校的名字，通常用人单位是不会给这样不自信的人提供机会的。其实，如果你对自己自信一些，别管竞争对手出自哪个名校，在面试中拥有从容自信的心态，即使不是出自名校，但如实说明学校名称的人，照样会得到求职的机会。

职场自信会带给我们真正的力量，在高手如林的对手面前，我们照样走出自信的步伐，只有自信，才是我们职场发展的推动力，只有自信，才能帮我们迎接更美好的前途。

当然，要将不自信转化成自信，这并非一日之功，但是只要你从现在开始，充满自信地迎接一切考验，一切消极情绪都会离我们远去，不再成为我们职场生涯的大敌。

首先，给自己打造一个自信的新形象，面貌是天生的，但是服装、发型是可以改变的，着装整齐大方，发型简单利索，步伐有力，说话发音清楚，简洁干脆，与面试人员打招呼充满热情，这些都能给面试人员一个自信的形象，他们就会开始把注意力转向你，开始考虑你适合哪个职位比较合适。

其次，多充电，提升自己的工作能力。没有天生的将军，只有真正的工作能力才是你自信自强的基石。无论你要选择什么样的工作，在求职前都要深入了解本行业需要何种人才，找出自己的不足之处，看自己还欠缺哪些能力，多充电，提升自己的工作能力。如果工作需要你精通计算机和英语，那你就去充电；如果你想应聘广告营销人员，可你又天生内向，生性拘谨，那么你就需要多参加各种沙龙活动，多练练口才。最简单的办法，你可以观察周围的朋友，从他们身上你可以悟出自己的不足和差距。

最后，你要对自己有一个恰如其分的评估，看看自己的“硬件”：比如学历、特长，有无工作经验，已经取得的业绩等条件自己都好好审视一番，是否有哪项条件还是弱势，让你丧失了求职的信心。如果不能正确评价自己，可请熟悉的朋友、同学进行沟通，请他们实事求是地评价一下自己的优缺点。旁观者清，也许你会发现你自以为的优点，其实是别人的恭维话，而你所谓的缺点，在别人眼里可能还是优势呢。

对于屡屡在求职中败北的毕业生们，要学会化解求职以来积累的所谓压力，要相信竞争对手“牛人”虽多，但总有一个职位适合你，所以你要放下包袱，主动地去适应社会。求职是人生必经的一个阶段，是找工作的关键时期，遇到一些挫折，碰到一点困难都是难免的。只有调整好心态，对自己充满信心，才能从容淡定地打好这场求职战。

心若在，梦就在，从梦想开始，从现在开始，用坚定的信心，无所畏惧的勇气，敢于不断将梦想变为现实。求职成功的秘诀可以归结为“热情、能力、自信心”。首先你要热爱这个事业；其次是能力，就算你非常热爱这个事业，但是如果你没有与之相应的基本功和能力也不行；此外，自信心也是非常重要的。要知道，任何人做任何事情

都不会一帆风顺的，遇到挫折不要紧，只要有必胜的信心，你就能坚持下去，并取得成功。

求职大军中的竞争对手，都有着各种各样的求职经验，在这样的情况下，就越是要迎难而上，找到自己的优势所在，找到自信点，甭管对手有多“牛”！

3. 同事是对手更是朋友

身在职场，也许你我都有过这样的经历，自己明明业绩不错，资历也不算浅，可每次遇到升职、加薪的好事情，总是没有自己的份，而那些纷纷升迁的，却是那些资历不如自己，业绩不如自己的同事；自己做的是最吃力最没有人愿意干的工作，得到的待遇和补偿却不如工作轻松的同事；自己一直本着宽容待人的做事原则，却被同事们误以为是老实可欺；自己一直真诚待人，却忽然发现自己早已经被最亲密的同事出卖，只得默默承担上司一通没头没脑的指责。令人纠结的事情总是被同事牵连到你，令人忍无可忍的事情总是接二连三地发生，那么同事究竟是和你彼此扶持的朋友，还是缠斗不休的对手？能够得到一份不错的工作相当不容易，可当你忍了又忍，试图大干一番时，却看到同事在一旁幸灾乐祸，怎么我偏偏遇到这样的同事？

我们可以选择自己的职业，但是却无法选择自己的同事。不同的同事，有着不同的性格和特点。有的同事动不动就发牢骚，抱怨不休，甚至对你“推心置腹”的诉苦，把他们的苦闷强加到你身上，让你苦不堪言；有的同事是“长舌妇”，专门爱传播小道消息，一些本来没什么恶意的玩笑，在这些同事的加工下，就会变成伤人的谣言；更有甚者，当你经过一番努力升职时，就会有嫉妒的同事背后说你的坏话，要么说你给上司拉关系送礼了，要么就说你和上司有不可告人的关系，让你有苦说不出；你的业绩提升了，上司给你重奖，马上就有人说你把大家的功劳揽到你自己头上，或者说你业绩有水分；哪天你与上司一起吃饭，或者夸了上司几句，马上就有人说你拍马屁……

职场同事间的明争暗斗，让许多人敬而远之，恨不能远离这个是非之地，图个明哲保身，耳根清净。大家整日抬头不见低头见，发生矛盾也很正常，只是，一味躲避绝不是解决问题的最好途径。同事间有了矛盾如果不及时化解，就有可能导致同事间的矛盾激化或者升级恶化，轻者影响你的心情，影响你的工作，严重者甚至会影响到你在职场的前途。

其实，职场本来就是矛盾的多发地段，同事之间没有必要非要来个你死我活。俗话说：多个朋友多条路，别一辈子把同事当成你的对手。如果能够坦然面对同事间的矛盾，化对手为朋友关系，在职场中创造出和谐友好的人际关系，我们才能更好地互相依存、通力合作，更有助于我们在职场的发展。

宋军是一家公司的年轻员工，他工作踏实，积极认真，但是同办公室的刘娜仗着自己资历深，年龄大，总是倚老卖老，平时不管大事小事她都一股脑推给宋军去做，当着上司的面却总是表现得很积极，把宋军的功劳也都揽到自己身上。宋军对此非常看不惯，有时候就在和同事闲聊时发几句牢骚，不料，这些话经过添油加醋传到刘娜的耳朵里，刘娜对宋军也有了意见，以后就更不给宋军好脸色看了。

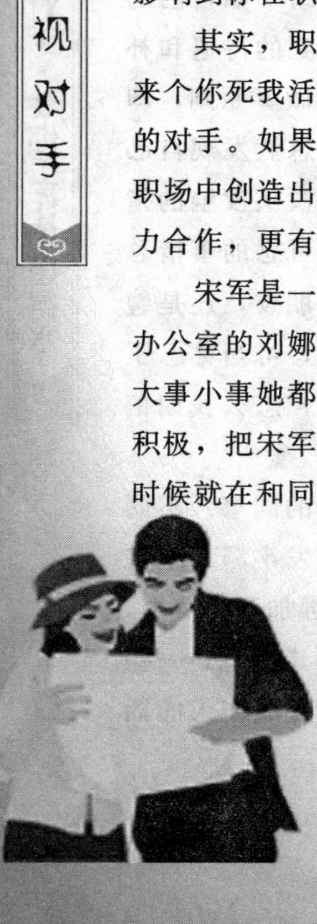

宋军很后悔，虽然同事传播闲话也不对，但自己有错在先，不该背后说别人的坏话，但如果当面和刘

娜解释道歉或者兴师问罪，都有可能激化同事间的矛盾，不如采取化敌为友的方式。

后来，宋军在和同事们闲聊的时候，开始有意无意夸奖刘娜年轻漂亮，干净利索，办公桌上总是收拾得整整齐齐。刘娜有几次请假陪婆婆去医院看病，宋军又夸刘娜孝顺老人，刘娜经常自己做手工艺背包，宋军又夸她心灵手巧。渐渐地，这些话都传到了刘娜的耳朵里，刘娜也渐渐对宋军有了好感，工作上不再故意为难他，也不再把工作都一股脑推给他了，甚至当宋军有事情需要求助刘娜时，她也能够耐心地给予他指导了。两年后，宋军凭借自己的努力升职时，刘娜还主动在上司面前给宋军说了一大堆好话。

毫不夸张地说，能够遇到一个好同事实在是太重要了，很多有成就的人往往都离不开这些同事的帮助。所以说，别把同事都看成是你的对手，同事是对手更是朋友，你能力再强，离开同事的帮助就有可能碌碌无为，甚至孤掌难鸣。

但是话又说回来，天上不会掉馅饼，有付出才会有回报。如果你在同事需要你的时候袖手旁观甚至落井下石，有意或者无意的恶意中伤他，甚至在人家前进的道路上设置绊脚石，那么你就没有理由抱怨同事不够朋友，不肯对你伸出援助的双手。因为同事之间更多的是利害关系，是对手关系，如果你不肯对同事伸手相助，又怎么能要求人家对你鼎力相助？你只有对同事有所帮助，同事才能在你需要时有所回馈，所以你在帮助同事的时候，其实就是在帮助你自己。

如果我们把拥有同事间的良好关系当成职场工作的一部分，把维护同事之间的平等友好关系当成一种义务和一种责任，那么我们在日常与同事沟通时，就会主动约束自己的言行，能够尊重别人的兴趣和爱好，维护他人的自尊，不会对同事的细枝末节求全责备，同事之间也就能够和睦相待了。

虽说职场如战场，职场同事就是自己的对手，但是同事既是对手更是朋友。当升职、加薪等诱惑摆在我们面前时，作为竞争对手，我们需要做的是争取与同事公平竞争，任何的手段和技巧都应该毫不犹豫地抛弃。当我们需要共同完成一个任务时，作为朋友，作为同盟，要在友好的基础上，携手实现我们共同的目标。

如何做到把职场同事既看作对手又当成朋友呢？

（1）当你面对同事的不正当行为发怒时，先冷静下来，找出你发怒的原因，这时候你也许就会发现，你发怒可能是以前的愤怒累积到一定程度爆发的结果，压根和自己没有多大的关系，也可能你只是单纯出于嫉妒。你可以问问自己，不合理的事情多了去了，我为什么单单对这件事情大为光火？找出原因，你的情绪也许就缓和了，看着同事也就顺眼多了。

（2）当本该是你的位置却被不如你的同事捷足先登，或对身边的溜须拍马、尔虞我诈忍无可忍，于是愤然炒了老板鱿鱼或者故意一走了之，用不顾后果的行动来发泄自己的不满是绝对没有意义的。与其胡乱发泄怒火，不如接受既定的事实。可以在闲暇时找亲朋好友发泄一下委屈，让大家一起分担你的愤怒，让他们的快乐感染你。

（3）退后一步讲，如果只是芝麻大小不值一提的事情，有必要和同事反目成仇吗？所以，遇事主动一些，诚恳一些，和同事充分沟通一下，消除误解，化敌为友，学会以宽广的胸怀看待一切挫折。

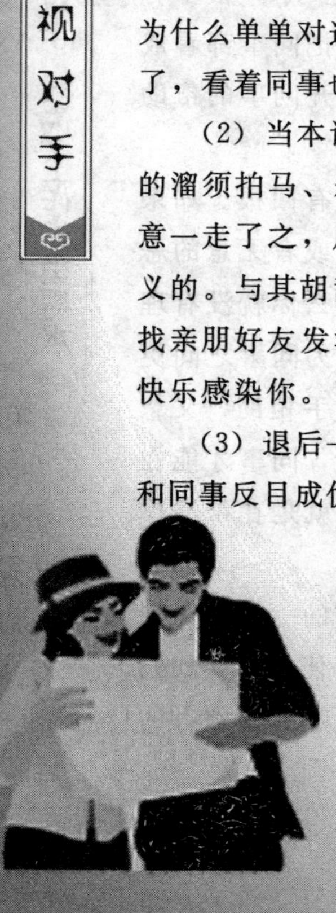

（4）如果盛怒之下，怒气难消，那么就尽量想些别的事情，转移一下注意力。因为你若一直想着生气

的事，只能越想越气，容易口不择言，刺伤他人，弄僵和同事间的关系，或者干脆闭上嘴巴，离开现场。

职场中，我们要学会追求生活质量但不苛求，和同事相处宽容大度而不自私，别处处把同事看成是对手，要知道，同事是对手更是朋友，只有这样，才能够拥有更好的职场人生。

4. 与同事竞争，别拿石头碰石头

职场看似风平浪静，其实“矛盾”的身影无处不在，我们在职场中的每时每刻，都要面对各种各样的矛盾：跟上司之间的，跟客户之间的，跟同事之间的，甚至和负责清洁的钟点工也会发生矛盾，这其中，跟同事之间的矛盾是最常见的矛盾。既然同事之间产生矛盾在所难免，那么我们要想在职场中顺利生存下去，就得学会如何去处理同事间的矛盾。当矛盾发生时，你首先要记住一点，你的老板或者直接主管在处理下属之间的矛盾时，他们在乎的并不是谁对谁错，他们更在乎的是谁能更好地在矛盾里处于主动位置，而谁又处于被动的局势。

张涛大学毕业后一直在一家民营公司工作，至今已有 4 年了，他的业务能力越来越娴熟，得到了客户的好评，业绩在同事里也是拔尖的，已成为本部门的业务尖子和顶梁柱。不过好景不长，最近张涛发现同事李伟的业绩异军突起。原来，这两年公司的传统业务越来越不景气，李伟负责的新兴业务便成了本部门的主要利润来源。虽然李伟来公司的时间不长，但是最近上司话里话外流露出要提拔李伟的意思。张涛对此感到愤愤不平，他觉得无论是按资排辈，还是业务能力，自己都比李伟强很多。上司这样做，实在让自己难以接受，在同事们面前也抬不起头来。

鬼使神差的他，开始人前背后散布李伟的坏话，到处说上司要提拔李伟是因为李伟经常给上司送礼，还煞有介事地编造出具体日期来。而面对李伟的时候，张涛又经常对他冷嘲热讽，需要两人分工合作的时候，明明该自己分内的工作，故意做不好，让李伟不得不从头再做一遍。有时候李伟就某项工作发表自己的见解时，张涛便针锋相对，一条一条把李伟的见解给驳得体无完肤，然而自己却拿不出更好的建议来。没过多长时间，张涛和李伟之间的矛盾越来越大，也闹得沸沸扬扬，上司非常生气，把张涛调离了原岗位，而李伟还是被提拔了。

像同事之间这样的矛盾，在职场中十分常见。李伟可以说是张涛在公司内部竞争中的“劲敌”。曾经有一项职场调查，结果显示，超过一半的员工因为忌妒，而错失升职加薪的机会；70%的员工采用石头碰石头的方式对待职场同事。只有很少一部分人认为同事竞争有助于自己在职场的成长，能够很好解决同事之间竞争的人更属凤毛麟角。

在以前的职场中，员工只要专业能力和专业素养在同事中拔尖，迟早会受到上司的赏识和提拔。不过随着社会的进步和经济的发展，企业的发展也日新月异，只有能得到上司认可，并符合企业当前发展需要的员工，才会得到更多的发展机会。如上面提到的张涛认为上司要提拔李伟归结于李伟给上司送礼，这完全是一种妒忌心理。被嫉妒冲昏了头脑的人，通常思维定势就失去了理性，遇到能力相当或者比自己强的对手，就首先猜忌对方使用了不正当竞争手段，在这种不正常的妒忌心理驱使下，做出不理性的行为也就在所难免了。这样

的人在同事面前很强势，对待竞争对手也以石头碰石头，并希望通过正面冲突将对手打败，也就是我们平时常说的“对着干”，结果常常事与愿违，适得其反。

而那些有一定能力、心胸开阔、有着远见卓识的人，却认为职场竞争对手有助于自己的职业成长，他们将同事之间的竞争视为成长的原动力，这种态度值得推崇。一般情况下，竞争的对手越强大，他们就对竞争越感兴趣，在不断和对手你追我赶中，提高了自己的能力和水平，即使没有竞争过同事，自己也有不小的收获。

作为员工，应该时刻关注企业的成长，从中寻找合适的机会，为自己创造成功的机遇。一时不成功，不意味着永远不成功。当输给同事后，不要以硬碰硬，要适时调整自己的努力方向或者改变策略。

要想在职场中顺利成长，就要拥有积极健康的心态，坦然面对工作中比自己实力强的同事，与之进行良性的竞争，并且把这种良性的竞争当成自己不断进取的动力。首先，要敢于较量。不要觉得失去了一次机会，就失去了以后所有的机会，选择了放弃，也就等于选择了失败。其次，要把比自己强的同事视为自己努力的目标，既然自己已经落后，就应该认真反思一下，未来如何努力才有可能超过对手。再次，要努力发掘自己的潜力，做到人无我有，人有我新，让别人无法取代。

和同事竞争，除了努力做好之外，还要学会成功有效的沟通。掌握职场沟通秘诀，聪明化解矛盾，营造一个充分发挥自己能力的平台。很多情况下，同事间有了矛盾，不必以硬碰硬，只要你能公正、客观、简单地说明事实，就能轻松化解潜在的矛盾。你得保持冷静，学会控制自己的情绪，千万不要为自己辩解。在解决矛盾的过程中，你也就学会了如何去克服一系列的困难，在对抗同事间各种冲突、矛盾的时候做到游刃有余。

当你和同事竞争失败后，千万不要重复跟别人讲这件事情，你会越讲越气，陷入一种恶性循环，而且没有办法停止。你会不分青红皂白，把所有的过错都推到对手身上，你的行为不仅对你没有帮助，反而会给大家留下笑谈。你这时需要做的，只是要告诫自己，自己之所以失败，肯定有不如别人的地方，接下来，好好反思自己的不足，学习一下对手的长处，不断提高自己，等待下一次机会的到来。

我们还要认真想想，同事之间为什么存在竞争？因为每一个同事都存在生存压力。而职场不同情弱者，谁落后就要淘汰谁，这是当今社会的我们无法回避的问题，同事之间的竞争是大势所趋。没有竞争，企业就不会进步，社会就不会有进步，在竞争面前，你不能退缩，要以积极的心态参与竞争，无需谦让。

同事间的竞争是不可避免的，但是我们也要把握以下几条原则：第一，端正态度，凭自己的良心和本事参与竞争，不做损害同事利益的事。要懂得尊重同事，同事有成绩时，真心地欣赏他们，祝福他们，学习人家的优点，反思自己的不足。第二，以乐观向上的态度投入竞争。竞争之中要与同事保持良好的合作，成功之后不忘帮扶一把比自己弱的人，切不可为争一时之长短而做出有失人格的事情，更不能以石头碰石头。第三，在竞争中保持心态平和。学会自我控制，避免情绪大起大落，做到胜不骄，败不馁。总之，职场上充满了竞争，竞争有利于你在职场的发展，与同事竞争时，别以石头碰石头。

5. 别对同事指手画脚

当你怀着一身干劲和远大的雄心壮志进入职场，辛辛苦苦地在公司里做事，并且自以为做得很好，可是，结果却出乎你的意料之外，有时候你出于好心给同事一个好建议，他们却不领你的情，以至于你不但不能如愿以偿得到上司和同事的认可，有时候得到的往往是上司的训斥，同事的冷嘲热讽。当然，不能排除公司管理的问题，也不能排除同事对你的排挤。除了这些，你是否应当反思一下，究竟还有哪个地方出问题了呢？你有没有在同事们面前有高高在上的感觉？有没有动不动就对同事指手画脚？如果你喜欢对同事指手画脚显示你的优越性，那么，被同事排挤也就在情理之中了。

罗西法古是法国有名的哲学家，他曾经这样说过："如果你想让朋友仇恨你，就表现得比你的朋友优越吧；如果你想要获得友谊，就让你的朋友表现得比你优越。"仔细想想，这个道理也非常适用于职场。在你抱怨同事不领你的情之前，你应该好好反思一下自己的行为，好心未必办好事，如果你做事只是单方面或者想当然考虑问题，只能说明你太不成熟，太不适合职场了。

许晓华是一家公司的资深员工，因为能力出众，备受上司赏识，是上司眼里的红人。他自己也因为和上司关系亲密，感情深厚，而把自己置于仅次于上司的位置，不但对同事们不屑一顾，而且还动不动就对同事们指手画脚。

有一次，上司要从员工中间提拔一位中层主管，徐晓华认为当然是非自己莫属，于是情不自禁地就在同事们面前摆起主管的派头来。他不是批评这个同事程序设计不合理，就是批评那个同事做事速度慢，甚至有个同事有些问题需要请示上司时，许晓华也大包大揽，让同事按照自己的意见去做。但是让许晓华没有想到的是，同事们都对他抱有很大意见，以致后来上司想提拔许晓华来征求大家的意见时，全体同事不约而同给许晓华投了反对票，上司在了解了许晓华的所作所为后，也打消了提拔他的念头。

俗话说：不在其位，不谋其政。每个人在职场都有属于自己的特定位置，你必须摆正自己的心态，凡事按照规矩来，不能随便越位，没有规矩，不成方圆，你和同事们始终是处在平等位置上的。要知道，人的心理感受是复杂的，将心比心，如果换成你自己，遇到一个表现比你出色的同事，你是不是有一种自卑的感觉？是不是既羡慕又嫉妒？所以，即便你真的才华横溢，高人一等，即便你功高盖主，具有超凡的判断力和分析力，也不要在同事面前指手画脚。

有的人喜欢对同事指手画脚，很大一部分原因是对自己的业务能力充满自信，心理上有一种优越感。相比之下，就会给同事带来不愉快的感受。也就是说，我们的优越感，是建立在别人痛苦的基础上的。

你越是优越，同事就会有更多的挫败感，如果你还进一步对他的工作指手画脚，必然会深深触痛他，这时同事对你好感皆无，只剩下不满，即使你的建议再正确，他又怎么能平心静气接受你的建议呢？而且，同事如果接受了你的建议，那就是自己承认了你比他优秀，这是他不愿意接受的。你如果总是对同事手里的工作指手画脚，就等于当众指责同事的缺点和不足，这样就会让爱记仇的同事记恨你，即使不爱记仇的同事也是远远躲着你。所以，在同事面前，尽量要淡化自己的成就，别动不动就以强者自居。对待自己的成绩应该谦虚，对待同事应该尊重，只有这样做，你才能永远受到绝大多数同

事的欢迎。

职场上真正有远见的人，绝不是靠对同事指手画脚积累威信，而是靠与同事一点一滴的日常交往中，处处给对方留下回旋余地，细水长流为自己积累好人缘。当你学会给同事留面子，积累了好人缘，其实也就是给自己挣足了面子。

每个人都有自尊心，每个人都要面子。如果你常常对同事指手画脚，就会大大伤及同事的自尊和面子，更何况同事本来和你平起平坐，地位相当，即使同事真的出现错误，也会为了自尊跟你闹翻，失去了同事间的友谊，那样就得不偿失了。真正的做法，是不要随便对同事指手画脚，仔细发现他们值得肯定的地方，你就会赢得好人缘，赢得更多的支持。

在职场上，无论从事哪方面的具体工作，都会与同事打交道，都会涉及到各种各样的人际关系，而能否正确处理和协调各种人际关系，是一名员工所应具备的最重要的工作能力。也就是说，我们在处理同事间的各种人际关系时，要做到高度重视同事，认真尊重同事，努力理解同事，友善对待同事，主动接受同事。在当今的职场中，你的人际关系如何，不仅反映了你的个性，还会决定着你事业的发展情况。

同事不是我们能够自主做出选择的，只有我们主动接受他们，并尽量与他们和睦相处，才有助于自己职场工作的顺利开展。要处理好与同事的关系，就应该注意下列几个方面：

一是与同事共处，要做到亲切友善，人人平等，不能分亲疏距离。除非特殊情况，对待同事都应平等对待，不偏不向。如果在同事中间分出远近亲疏，或者拉帮结派，搞小团体，虽有可能受到其中一部分同事的支持，但是却因此而丢失了绝大多数同事的好感，最终影响到了同事之间的关系。

二是和同事之间要相互支持。在工作中，如果遇到困难，需要支持帮助时，你就应当挺身而出，在自己能力所及范围之内，主动地关心和帮助同事解决困难，而不要附加什么条件和要求，也不能为此而抱怨不休。支持同事的工作，你就会赢得对方的支持，同时也有助于你在职场的发展。

三是和同事打交道时，一定要搞好团结。做事要讲究公事公办、一碗水端平，凡事开诚布公，在讲究具体方式方法的基础上，勇于作批评与自我批评，做到不借题发挥，不指桑骂槐，不挑拨关系，不火上浇油。

四是待同事要真诚，同事之间应当是君子之交，彼此之间以诚相待，彼此信任，豁达大度。同事之间最大的信任来自诚实，同事之间的信任应以真诚做基础，对同事绝不虚情假意，失去诚信，否则你就会伤害到对方，并最终会失去对方的信任。

五是和同事保持适当的距离。无论你对对方有多大帮助，无论你如何支持过对方，都要把握好分寸，防止过度热情，或者卖弄功劳。要注意就事论事，适可而止，尤其不要强人所难，甚至干涉对方的私生活，引起对方的反感。

最后，还更要保持一颗谦虚之心。在工作中，力戒自高自大，目空一切，本着虚心的态度待人接物，向周围的同事取长补短，视同事为良师益友，认真学习他人的长处，发展自己，切忌忘乎所以，动不动就对同事指手画脚，盛气凌人。

无论你有多么出色，无论你的资历有多老，请放下你高贵的架子，和同事们平等相待吧，千万别对同事指手画脚，这样你才能更快更好地融入到团队中，有助于你在职场获得更大的成功。

6. 别脱离团队

职场中，存在于同事之间的竞争是无处不在的，只有和同事们一起全心全意对待工作，全力以赴解决工作中的难题，才是聪明的表现。如果你想独立表现一下自己的才能，抓住一切时机一味在同事或上司面前刻意表现，不仅得不到同事的好感，反会适得其反，让人觉得你太虚伪而不愿和你接近，从而引起大家对你的排斥和敌意，不难想象你以后在单位的日子可就不好过了。

职场中，你稍微注意一下就会发现，如果你一个人完成一项任务，也许辛辛苦苦干了好几天还没理出头绪来，而当你同另外几个同事一起合作时，因为大家集思广益，互通有无，没费吹灰之力就把方案做好了，所谓的“三个臭皮匠，顶个诸葛亮”就是说的这个道理。也就是说，当你懂得和同事团结合作，发挥团队优势，你就会获得事半功倍的回报。一个富有团结合作精神的员工组成的集体，一定是一个富有凝聚力的团队。在富有团结合作的氛围中工作，我们就会觉得心情舒畅，干劲冲天，大家的协作性空前高涨，能够创造出一些骄人的业绩。也可以说，发扬团结合作的团队精神是你事业容易成功的保证。

一个在职场上懂得团结合作的员工，既可以使自己受益，也能让别人受益。只有懂得团结合作，发挥团队优势的人，才能明白团结合作对自己乃至整个团队的积极意义。如果你放弃了团队的优势，脱离了团队，你也往往会被成功所放弃。

杨守强大学毕业后决定留在武汉发展，经过笔试、面试等层层选拔，他被一家大型广告公司聘用了，同时一起被聘用的，还有另外3名大学生。

公司老板告诉杨守强他们有三个月的试用期，试用期过后，将根据他们4个人的表现，从他们当中选出一名能力比较卓越的人担任业务主管。杨守强觉得机不可失，机会难得，就暗暗下了决心，一定要充分利用这3个月的时间，把自己的真才实学表现给老板看，一定要坐上业务主管的位子。

只是，另外3个人也绝非等闲之辈，他们都是学计算机专业的，利用自己专业的优势，向网络上的广告设计高手们请教，并交流创意，使得他们从他人的优秀创意中吸取灵感，不断丰富自己的设计内容。杨守强发现自己和其余3个人的起点几乎是在同一高度，如果要战胜他们仅靠大干苦干显然还不够，必须加巧干才行，否则他的优势不一定能在他们中间显现出来。

杨守强太想得到这个业务主管的位子了，为了实现自己的目标，他摆出一副谦虚的样子，一有问题就不厌其烦地向其他同事请教，同事们的精彩创意都被他用到了自己的设计中。而其他人有问题请教他的时候，明明自己对这个问题很有创意和灵感，却藏而不露，只模棱两可地说一些笼统的观点，含糊其辞，同事们也从中得不到实用的东西。

三个月后，杨守强独立设计的两个广告都得到了客户的肯定，让同事们也刮目相看，另外3个人接的广告设计任务却是通过合作才完成的。在这种情况下，杨守强自然认为，他得到业务主管这个职位肯定是板上钉钉了，可是公司老板的决定却让杨守强跌破眼镜，因为，业务主管一职，由另三个人中的一个担任了。杨守强愤愤不平，就私下去找老板，老板告诉他："我们广告公司之所以能在激烈的竞争中稳住局面，不是靠个人出风头逞英雄，靠的是团队的合作精神，

因此，在我们公司，只有能跟同事团结合作共事的员工才是最理想的业务主管人选。一旦你脱离了团队，业绩再好，也不可能聘你为业务主管。”

杨守强这才知道，原来，老板在这段时间内，对他们4个人的表现一直是进行暗中观察的，虽然杨守强觉得自己掩饰得很好，但是老总却还是对他的行为明察秋毫。老板还拍着杨守强的肩膀语重心长地说：“你的能力我也很欣赏，但是你要记住，一个团结合作的团队，能打败任何优秀的个人。不要脱离团队，你必须懂得团结合作，才能融入团队，跟同事团结合作共同提高业务，永远比一味追求个人成就受欢迎。”

个人的力量相对于团体的力量总是渺小的，而在企业中，员工的团结合作，对于企业的成功非常重要，企业的成长离不开员工的团结合作，团结合作精神是员工必备的基本素质。一名优秀的员工总是具有强烈的团结合作意识，员工之间相互依存，彼此合作，利益共享。具有团结合作精神的员工，与同事间的关系往往都很融洽，从而使他的职场生涯更加顺利。

和同事协作应该注意彼此互相尊重、互相配合，如果你做到了这一点，你就能拥有更好的机会来施展你的才华，在竞争中求发展求进步。你的老板之所以聘用你，看中的是你的创意与能力是否在这个团队中发挥出活力，能否和同事融成一个整体。对于你的那些同事来说，他们更愿意与那些工作能力强、能够和他们团结合作的同事相处。无论多么强大的企业，如果员工动不动就脱离团队，以自我为中心，那么，团队的整体目标将很难实现。企业的员工之间只有团结协作，发挥团队优势，才能形成凝聚力，增强战斗力，最大限度地挖掘企业发展的潜力。

周正军与程华同时担任公司的项目协调员，两人的项目设计均思维缜密、考虑周到，按理说在水平上旗鼓相当，但却偏偏周正军被提拔为项目经理。程华想不通。每次讨论他设计的项目，大伙都提不出什么意见来，偶尔有人说点什么，程华则据理力争，说得对方无言以对。特别是有时领导极有风度地点拨其项目中的某些缺陷，程华则显得欠沉稳，急呼呼地抢领导的话，辩解又有点过多，弄得领导很难堪。

周正军则不，讨论他的项目时，尽可以畅所欲言，每个到会的人，不管水平高低，都愿意献出自己的一家之言。他谦虚豁达，从善如流，对每个人的话，都作认真的记录，即使有个别极不对自己思路的意见，他也做出一副洗耳恭听、兼听则明的姿态。特别是领导的指示，他十二分认真地聆听与重视，并一个劲地点头。最后，他修改过的项目书，必定是融会百川，但又能以领导指示精神为纲。参加周正军的项目讨论会，大家都有置喙的机会，也都有显示自己真知灼见的成就感，真正发挥出团队精神。当然，太出格的建议，周正军是弃之不取的。

平心而论，程华的确是有水平的，但他总是脱离团队，爱搞个人英雄主义，所以，在讨论提拔谁担任项目经理这个职务时，几乎所有的人都一致推荐周正军。

一根筷子容易被折断，十根筷子牢牢抱成团。别脱离团队，发扬团结合作的精神，发挥团队优势，你的职场生涯就会无往不胜。

7. 不要处处展现你的聪明

初入职场的年轻人大多自视颇高，他们为了尽快得到同事的认可和刮目相看，总是急不可待地去显露

自己的才能和实力，以便在激烈的竞争中占得一席之地。所以，他们总是处处展现自己的聪明，处事不留余地，待人不留退路，有十分的才能与聪慧，他就能十二分的表现出来。

这些年轻人之所以急于崭露头角，是因为他们并不懂得，作为职场新人，处处展现自己的聪明而锋芒毕露是危险的，至少会使自己陷入被动局面。因为在无形中，你把自己的起点定得很高，还想处处显示自己的才干和见识，这样就会使身边的同事产生一种心理压力。他们就会用特别挑剔的眼光关注你，哪怕你一点点微不足道的失误，他们也会反应强烈，轻则幸灾乐祸，重则落井下石，结果让你在职场上屡遭挫折。

俗话说：“木秀于林，风必摧之”“行高于众，众必毁之”。刚入职场的年轻人毕竟缺乏经验，做事不一定稳当，如果太爱表现自己的聪明，很容易引起同事之间的矛盾和嫉妒，很难与同事相处融洽，最终变成孤家寡人。

田芸大学毕业后进入了一家事业单位从事办公室的工作。田芸虽然没什么经验，但是人比较聪明，对办公室的一些日常工作很快就能处理的得心应手，办公室的老员工老吴经常对大家说，他如同添了一员得力的干将。但是田芸还是觉得，凭自己的能力做这些工作有点太大材小用了，远远不能发挥她的长处。

这天，田芸看到老吴正在绞尽脑汁、苦思冥想，为写一份报告而犯愁。她问清要求后，便主动请缨，并且很快就把一份近乎完美的报告送到了老吴手中。自此以后，凡是应该老吴写的各类报告和发言稿，老吴便交给田芸去做，而田芸也总是能做得非常好。但是，让田芸生气的是，上司根本不知道那些材料都是出自她的手，倒是老吴经常受到上司的夸奖，田芸有一种被埋没的感觉。

恰巧，一年后，单位即将进行人事改革，所有中层领导都要通过竞聘上岗产生，原来的办公室主任快要退休了，于是田芸和老吴都报名参加了。田芸很看好这个机会，于是，在平时的工作中，她更加努力，不但自己做得滴水不漏，还时常向老吴提出建议如何改进工作，并批评同事不该有迟到早退、做事拖沓的习惯。竞聘时，田芸在进行竞聘演讲时，她没用发言稿，面对上司和各位评委，充满自信地列举了自己任办公室主任的优势，而且特意指出很多报告和发言稿都是出自她手，而这些材料均受到了上司的好评。演讲结束后，田芸还感到非常得意，终于有机会让上司看到她的才华和能力了，尤其看到老吴竞聘的时候，拿着写好的发言稿，还念得结结巴巴，而且言之无物，她更有信心了，这个办公室主任的位子由她来坐是板上钉钉的了。

但是竞聘结果让田芸如遭重击，因为是当场唱票，老吴以满票当选办公室主任，而她居然一票未得！当然，田芸也得到了上司的口头表扬和鼓励。但是田芸要的不是这个结果，她冲动之下径直去找上司，但上司告诉她：他欣赏她的才华，但是作为办公室主任，仅有才华是不够的，更需要协调全局的经验和服众的能力。

田芸再次回到办公室，成了老吴的手下，局面已经发生了变化，老吴把一些诸如复印材料、统计数字、接听电话等零碎活儿分派给她，重要的文字工作却分给另一位能力远不如她的同事去做，而同事们也对她孤立了起来。郁闷之下，田芸只有辞职了。

田芸之所以陷入这种局面，就是因为作为新人，她的表现太过分了，太爱展现她的聪明了，让大家从心理上对她产生了抵触情绪。

作为职场新人，首先一点就是要做人，只有你不太拿自己当回事，别人才会把你当回事。因此，学会

沉潜和低调，应是职场新人的首要任务。毕竟，职场不像战场，同事也不是敌人，也不是你颐指气使的对象，处处展现自己的聪明，会让自己失去良好的工作氛围，在无形中使大家感到受到威胁，进而使人敬而远之。新人毕竟是新人，根基还不稳固，经不住职场天长日久的风吹雨打，所以即使工作表现不错，也不能趾高气扬。

不可否认，爱展现自己聪明的年轻人通常都是有才气、有信心、敢闯敢干的人，他们不畏权威，有一股“初生牛犊不怕虎”的勇气和精神。但是，在职场上，面对更多的同事，还是应该调整心态，把这个劲头用在该用的地方，而不是四面树敌。

在职场上，仅有能力和才华是不够的，更重要的是你的为人。相反，有的大学生进入单位后，比较谦虚和低调，对同事们都比较尊重，同事们更愿意给予这些新人帮助，彼此相处起来也更愉快。

吴建和李勇同一天被分配到同一个公司，而且在同一个主管手下工作。吴建是大城市里长大的，平时见多识广，无论做什么事情，都喜欢和同事争强好胜，标新立异。平时遇到单位上的同事，他总是不屑一顾，简直就是我行我素。和同事一起做事时，他总要发表一番自己的高见，并对同事的工作提出这样或那样的改进措施，弄得同事满腹怨言。

尽管吴建很敬业，但是要在工作中犯了一点什么错误的话，同事们都会讥讽他说：“你怎么能犯这种低级的错误?”吴建听到同事们讥讽他，他也不甘沉默，与同事据理力争，指出同事的错误比他犯得还要多，性质还要恶劣，常常弄得同事下不来台。

李勇是个农村孩子，看上去比较土气，他对能来到公司工作，感到受宠若惊，并且非常珍惜这样的机会，无论做什么事情，都会表现得谦虚、谨慎，无论看到哪个部门的同事，他总是毕恭毕敬地迎上去问候，而且态度非常热情。要是李勇做错了什么，同事们就会为他开脱，说他对环境不熟悉，有经验了就好了。

也许就是由于吴建的锋芒毕露，每个同事都对他不满意，在分配工作任务时，吴建的任务比李勇的多，但在每年进行工作业绩评估的时候，吴建却几乎听不到任何赞扬声，相反没有出色业绩的李勇，反而会得到各位主管和同事的一致赞扬，说李勇主观能动性强，谦虚好学，这让吴建很不甘心，甚至有点绝望。由于始终处不好与各位主管和同事的关系，吴建对前途灰心丧气，过了一段时间，生性喜欢处处展现自己聪明的他，不得不离开了这家公司，而李勇却在过了一段时间后，在同事们的支持下，被其他主管一致推荐为另外一个部门的主管了。

那些外表看上去柔弱、头脑简单的人，总是被同事们当成他们眼中的弱者，甚至心甘情愿地为弱者出谋划策，这样弱者的成功道路，好像来得更容易一些。而那些喜欢处处展现自己聪明的人，因为总是锋芒毕露，咄咄逼人，其他人很容易就对他有了抵触，无论做什么都会对他怀有戒心，他的成功肯定会更困难一些。因此，在职场中要获得发展，必须学会内敛，锋芒毕露，不如深藏不露，要是太过显露的话，不仅妨碍了个人的才能的发挥，还招来了妒忌和排挤，以至于在工作中屡屡遭挫。

在职场，与同事的相处是一门学问。即使你工作表现很不错，但你毕竟是个职场新人，你的根基还不稳固，因此，如果你现在还不具备厚积薄发的实力，那就请你悠着点，不要处处展现自己的聪明，而应敛其锋芒，潜伏职场，伺机而动。

8. 你有说“不”的权利

我们常常有这样的困惑：当遇到同事请求我们帮忙时，有时候我们会为了取悦别人，迎合别人的喜好，或者慑于复杂的人际关系，而不得不违心地做一些自己厌烦的事情。情愿自己吃苦受累，甚至费力不讨好，也不愿意对同事表示一下拒绝。结果就是，你处于进退两难的境地，同事也未必对你有好感，你有一种自己的生活被别人控制的感觉。回头看看周围的同事，似乎我们很少敢于对同事说“不”。因为我们太在乎同事的反应，怕同事因为我们的拒绝而愤怒，结果却把自己置于了焦虑不安的境地。

郑峰是一家公司的资深员工，很多年轻的同事或者刚进入本部门的同事习惯于有事就求教郑峰。郑峰其实业务也不是很好，但是怕别人说他倚老卖老摆臭架子，总是有求必应，哪怕自己解决不了的问题，也不好意思一口回绝同事，尽量想办法给同事一个答复，但他常常感到很累。

有一天，同部门的同事小谢找到郑峰，对他说：“郑老师，我遇到一个问题，一直想不出好的解决办法，我想你见的多，肯定能帮我的，你帮帮我行吗?”不等郑峰回答，小谢就竹筒倒豆子，把自己的困难一股脑倒给了郑峰。其实郑峰自己手里还有一大堆工作要做，而且女儿这几天一直发烧，心里也很着急，所以根本没有多余的精力再帮小谢做什么了，但是他又不好意思让小谢对自己产生失望，更不想一副拒人千里之外的样子，只好假装认真地听小谢诉说，而实际上他一个字都没听进去。

到了最后，郑峰不得不打断小谢的话说：“你的事情我知道了，但我一时半会儿也帮你解决不了问题，你自己也再考虑考虑，要是还是不行，容我忙过这几天去，我专门抽出时间帮你完成这个任务，你看行吗?”说完便急急离开了。

过了两天，小谢又找到郑峰，问起这件事情，郑峰才知道小谢就指望他了，自己压根就没有再努力过。可是郑峰哪有时间帮他考虑这个问题，只好抱歉地对小谢说：“真是太对不起了，我这两天忙，还没来得及考虑呢，我今晚回去就先帮你分析一下这个问题，明天答复你好不好?”小谢很不情愿地说：“那郑老师你可一定不要忘记我这件事情啊！我就指望你了。”郑峰的心里顿时压上了一块大石头，就因为自己不好意思拒绝别人，现在成了他的心理负担。

到了晚上，女儿的病情又加重了，郑峰连夜带女儿去了医院，办理了住院手续，整整陪了女儿一晚上。第二天，郑峰顶着两只大熊猫眼去上班，小谢见到他，兴奋地说：“真是太辛苦郑老师了，看你的眼睛，一定为了我这件事情，熬了大半夜吧，真不知道怎么感谢您……”郑峰一下子闹了个大红脸，他结结巴巴地对小谢说：“太对不起了，我都把你这件事情给忘记了。”不管郑峰如何解释，小谢对他有了一肚子意见，因为如果郑峰早说不帮他的话，他完全有时间去找别人帮忙，这下可好，主管那里等着他汇报了，结果自己的工作还没有完成，自然等着挨主管的尅了，小谢也把这笔账算到了郑峰的头上，而郑峰，也是满腹委屈无处诉。

身在职场，如何与同事相处是一门学问，这门学问没有一成不变的公式让你轻松得到答案，没有人会告诉你按照哪个方式去做才是正确的，需要你自己在现实生活中逐渐摸索答案，甚至四处碰壁才有一点心得体会。同事之间互相帮忙固然很好，但是，你如果没有能力或者

没有时间去做，就要明确地告诉对方实际情况，切不可因为怕惹对方不高兴，就开出空头支票去，否则，不但你得不到对方的感激，还有可能因为耽误了对方的大事，而失掉对方的友谊，失去对方的信任，得不偿失。

也许你在感慨，做个好人咋那么难呢？你生性随和，喜欢与人为善，你认为大家都是抬头不见低头见的同事，自然要能帮就帮了，予人玫瑰，手有余香，给人方便，自己方便。只是你没有想过，别人的确方便多了，自己却无端添了许多麻烦，你心里也很委屈，因为尽是费力不讨好的事。再遇此类事情，你本来心里下定决心是要拒绝的，但还是话到嘴边，那个“不”字却仿佛有千斤重，却怎么也说不出来。你可以反思一下，你在职场中走过的弯路、吃过的苦头，是不是很多都是由于自己不懂把握说“不”的分寸而导致的呢？

当你面对那些做不到或者不合理的要求时，你应该大胆行使你拒绝的权利，明确地对他说“不”。比如你可以向他实事求是地说明自己目前的工作很忙；或者干脆告诉他，你对这方面的业务不熟悉，只能帮倒忙等等，这些都是你可以拒绝的“正当”理由。如果你拒绝了同事第一次，当同事再次找你做事时，就会再三考虑一下了。因为拒绝是你的权利，是不需要任何人赋予的权利。如果你实在不能拒绝，就告诉他，你需要先处理手头的事情，如果他能等得及，那就只有先排队，等你做完自己的事情后才可以帮他做。

事实上，在职场行走，需要我们说不的时候很多，毕竟拒绝同事是一种让同事很没面子的事情，所以拒绝同事也是要讲究策略和技巧的，既拒绝了同事，又不至于让同事觉得你冷漠无情。

马晓婷很早就在周末安排好了一家三口外出旅行，为期两天。可是周五的时候，同事孙姐却和马晓婷商量，说她周末想和老公去海边看房子，让马晓婷周末帮她完成手里的设计工作。马晓婷心里自然是不乐意的，于是就委婉地对孙姐说：“孙姐，不好意思，真不凑巧，我们周末两天随团旅游，钱都交了，所以我帮不了你了，小刘这两天应该没事，要不我帮你问问她？如果你以后需要我帮什么忙，我一定会答应你。”孙姐听了马晓婷的话，去找小刘帮忙去了。

在拒绝同事时，一要向同事真诚地表示尊重、理解和同情，二要沉着冷静，随机应变。对于同事不合理的要求，你可以明确、大胆地予以拒绝，对于同事提出的合情合理但自己实在做不到的要求，也要真诚地为同事着想，想方设法帮同事出谋划策，或者建议同事另寻门路，也可以满足其另一方面的合理要求作为补偿，以减轻同事的失望感。同时，在拒绝同事时，不要忘记给同事以希望，即拒绝同事的同时给对方以鼓励，你的拒绝也许就会转化为动力，使同事主动寻求其他解决问题的答案。或者运用你的幽默，“我说哥们，上次我帮你干的那活累得我现在脖子还疼呢，要不下个月你的工资我帮你领了？”让对方感觉到自己的要求确实过分了，也就知难而退了。

你有说“不”的权利，如果你凡事有求必应，你会活得很累，万一你把别人的事情办砸了，不但对方不会体谅你，你还会落个不好的名声。当你的同事纠缠不休，花言巧语时，你要坚持你的立场，不要太在意“面子”，更加亲切、友好地拒绝同事的要求。

身在职场，一定要合理处理与同事之间的关系，你有说“不”的权利，该拒绝时就拒绝，可以让你更好地维护自身利益，融洽人际关系。

9. 与其和人争得你死我活，不如你活我也活

在职场中，因为无处不在的竞争，使得同事之间充满了明争暗斗，甚至拳脚相向，为了一点利益争得你死我活。当我们走入职场，除了做好本职工作，还需要学会如何应对复杂的人际关系。聪明人不会与同事明争暗斗，以至于争得头破血流，而是努力实现“双赢”的目标。

就是说，我们其实可以换个角度，用“双赢”的智慧削去竞争的锋芒。与其和同事争个你死我活，不如宽容的后退一步，你活我也活，和同事在职场中共同进步，携手同行。“双赢”强调的是双方的利益兼顾，对大家都有好处，至少不会把结果变得更坏。

美国著名拳击手杰克每次比赛前都要做一次祈祷，只是他并不是在祈祷自己打败对手，而是祈求上帝让自己和对手都发挥出最高的水平，谁都不要受伤。这其实就是一种“双赢”的智慧，与其争得你死我活，不如你活我也活。同事之间最好能摆正竞争与合作的关系，以利人利己的思维做大事业，而不是非要搞个你死我活、两败俱伤。

同事之间要实现双赢，就要学会宽容和忍让，宽容和忍让是一种涵养，不必和别人太较真，不必和别人争强好胜，给别人留一条活路，其实也就是给自己留一条活路。我们的聪明才智，完全可以去进行有益的思考，去做有价值的工作。不要总是企图论证自己的优秀，求证别人的错误，也不要事事唯我独尊，事事固执己见。在不涉及原则问题的事情上，退一步海阔天空，多宽容和包涵，多理解和沟通，有利于同事之间关系的和谐。

只是，在现实生活中，我们大多数人抱的却是一种不赢既输的思维或单赢思维。往往只顾及自己眼前的利益，比较、竞争、地位及权力支配着他们的思想，一门心思只想战胜别人，把成功建立在别人的失败上。单赢思维的人则只是一心想赢，只想得到他们所要的，不顾他人利益，这种人习惯于以自我为中心，从不去关心对方结果如何。

在如今的职场上，有的人坚持个人利益至上的原则，习惯于凡事以提升个人价值为中心。当然，维护自己的利益本来是没错的，但是容易使人变得目光短浅，满脑子只考虑自己有没有利益可赚，处处以自我为中心，失去了与人合作的意识，至于别人是否有好处，就不是他所考虑的事情了。但是将心比心，己所不欲，勿施于人，你这样对别人，别人也会这样对待你，人与人之间的关系就会变得紧张以至于产生隔阂，遇事互相猜忌，互相攻击，以至于落个两败俱伤的结果。

崔杰毕业于一所名牌大学，经过几年打拼，积累了丰富的市场实战经验。后来，他经过几次跳槽，辗转从上海来到武汉某公司，在市场部觅得一职。崔杰的专业知识扎实，又有着在各大公司里积累的工作经验，崔杰在几名年轻的同事之间表现突出，深受公司老总的青睐。

有一次，公司老总让崔杰和另两名年轻同事负责一个项目的市场拓展方案，老总在分配任务时特别提醒他们，可以有两种方式：可以三个人单独作战，每人完成一份方案，也可以合作完成一份方案。

崔杰觉得这是一个表现自己能力和才华的好机会，凭借着自己对市场行情的把握，他决定自己独立

完成一份方案。崔杰连夜奋战，精耕细作，一周后，他向老总呈交了自己的完美方案。不料，老总看过他的方案，虽然指出崔杰的宏观视野很开阔，但是整体评价却不高，因为崔杰的方案缺少本地化的东西，可操作性不强。相反，另两名同事都是本地人，两人又是一起合作的，所以他们的方案反而有崔杰方案中所不具备的亮点，可操作性也比较强，方案被老总采纳了。

事后，老总对崔杰说，他之所以给他们提出两种方式，就是想看看他们是不是能够很好地合作，取长补短，不料，崔杰却坚持单兵作战，缺乏协作精神，如果他们三个人能一起合作，一起对各自的亮点进行提炼和揣摩，一定能拿出更完美的方案来。

在同一个屋檐下工作，崔杰妄想独占鳌头是极不明智的做法，以至于给老总留下了协作精神不强的印象。如果自我意识过度泛滥，只会盯着眼前的利益，不肯退后一步，那么，对自己眼前的利益抓得越紧，就有可能输掉日后更大的利益。

“双赢”就是让竞争对手双方都获利，没有输家，这不仅是维护个人利益的需要，也是公司生存和发展的需要。对于和自己有利益冲突的人，最好是选择一条互利之道，本着“你活我也活”的原则，这样做，既显示了你宽容的胸怀，更体现出你以公司的整体利益为重，因为顾全大局和协作意识是所有公司领导所欣赏的首要素质。

双赢和共赢，就是竞争中的合作，是为了寻求双方共同的利益，即你好我也好，要养成共赢思维的习惯，需要我们从多方面进行努力。

因为在现实生活中，在竞争激烈的职场中，有人总是这样认为，蛋糕就只有那么大，别人多了，那自己肯定就会少，那不就吃亏了吗？抱着这种心态的人，甚至希望与自己有利害关系的人频生灾难，没有足够精力与自己在各方面进行竞争，这样的人小肚鸡肠，不能容人，时时不忘与他人比较，看不得别人成功，甚至把他人的成功看成是自己的失败。即使为了面子不得不装模作样、虚情假意地赞美对方，内心里却是又妒又恨，只想方设法独占鳌头，才能使自己满足。有的人甚至恨不得身边的同事全是唯唯诺诺之人，一旦谁有不同的意见都会被视为自己的叛逆。诸如此类种种心态，如果不改变，是很难养成“双赢”的思维习惯的。

在我们的职业生涯中，没有哪一个人是独立存在的，我们身处各种各样的团队环境中，所以我们就要学会和他人团结和协作，这既是一种职场品德，更是一种责任。茫茫人海中，能够与天南海北的同事走到一起共事，是一种难得的缘分，当然，因为每个人的性格不同，阅历和能力的不同，天长日久，难免有些摩擦，有些磕磕碰碰，但只要是不违反原则，我们就应该求同存异，坦诚相见，一切以维护团队利益为原则，互相支持、互相尊重、互相配合，使整个团队在工作中拧成一股绳，向着共同的目标前进。我们作为团队中的一分子，才能利用团队的智慧和力量，去轻松解决自己面临的种种问题和困难，也为自己的职业生涯铺好道路。

总之，在与同事一起工作时，不要只把注意力放在别人的“意图”和自己的利益上，而是一定要学会欣赏别人的价值，兼顾别人的利益。在实际工作中，我们都需要有一种容人的智慧，都需要学会沟通的技巧。无论如何，和同事在一起工作，是一种缘分，更是一种合作、分享、共赢的关系。一根筷子容易被折断，一

个人的力量总是有限的，团队的力量却是无穷的，我们彼此合作，协调配合，一起完成某项工作，从而得到自己和公司想要的结果。

在职场中，和对手竞争莫忘“双赢”的原则，与其和他人争个你死我活，不如你活我也活。

10. 融入同事之中，别搞小团体

职场上，我们对于自己喜欢的同事总是会亲近一些，而对一些自己讨厌的同事总是疏远一些，对于和自己有利益合作关系的同事，我们也会感到亲近。物以类聚，人以群分，工作的时间长了，经常相处的同事就会自动分成不同的团体，实际就是一个个利益有别的小集体。在生活中，我们按照自己的喜好选择朋友是可以的，但是职场则不同，出于整体上的团结，几乎所有的企业都是反对员工们拉帮结派的。但是，无论是在公司的高层，还是在公司的基层之中，这都是无法避免的事情。如果你过分疏远或者亲近同事，就会容易给上司造成你搞小团体的印象。

凡事有利亦有弊，从某方面来讲，你加入职场的小团体的确能为你带来人气，可以为你赢得更多的人缘，有事情大家互相帮助，有助于你建立良好的人际关系。但是，加入了小团体，你做事之前就得先考虑小团体的利益，有的时候你明知道这样做不对，可为了小团体的利益，也只能听从团体中大多数人的意见。不要以为你加入了小团体，就满脑子想的都是好事，职场上的小团体，有了好事不一定有你的份儿，有了坏事，没准你就逃脱不了干系，谁让你是小团体的一分子呢？让你哑巴吃黄连，有苦说不出。如果你的小团体出现了问题，上司也很难相信你是无辜的，没准你就会受到牵连。从这个方面来说，搞小团体不利于自身的职业发展。

更重要的一点就是，如果你成为小团体的一员，你所做的每一件事情，都要以小团体的利益为准则，这样自己很容易就丧失为人处世的原则，对许多违反原则或者纪律的事情睁一只眼闭一只眼，时间长了，就成了你工作上的小辫子，关键时刻就容易被有心人抓住，给你造成不可估量的影响，让你追悔莫及。如果你只是想和同事亲近一点，不一定非要加入同事的小团体。你如果在职场中过分亲近某一个同事，就无形中疏远了其他同事，就算你自己并没有打算搞小团体，但是你却百口莫辩了，因为在他人看来，你们就是小团体，需要承担小团体所犯错误而带来的相应责任。

小团体更大的问题在于，不利于职场整体的和谐，容易引发同事间的矛盾和误会。有时候为了满足团体中某个人的情感或者利益需要，甚至舍弃企业的利益，成为了某些缺少敬业精神的员工的避风港。

如果环境所迫，你不得不加入一个小团体，你切不可轻举妄动，一定了解清楚各层次的人脉关系，尤其当你面对人事方面上利益分明的小团体，切不可着急表态，以免站错了队伍，影响了你在职场的发展。

林萍跳槽进入一家公司，发现同学的哥哥张诚也在这个公司，虽然和同学的关系不是很密切，但是为了以后在公司里也有个能照应自己的人，林萍逢人就说张诚是自己同学的哥哥，而实际上，两个人工作中几乎碰不着面，偶尔见到了，也只是点点头问个好而已。

后来林萍发现，张诚和另一个同事陈霆为了竞争副总一职而明争暗斗，甚至在公开场合互相诋毁对

方，在同事中间造成了很坏的影响。事情传到老总耳朵里以后，大为恼火，结果两个人最后谁也没有得到这个副总的职位，而是高薪另聘请了一位副总。新副总上任后，经过一番了解，重新进行了一番竞聘上岗，那些明显与张诚和陈霆有密切关系的同事，都在竞聘管理职务时败下阵来。本来林萍各方面都符合竞聘条件，也积极报名参与了竞聘，她也对自己有很大的把握，但结果出来，林萍还是落聘了。后来有同事告诉她，她之所以没有竞聘成功，就是因为林萍是张诚的“人”，而新副总为了以后好领导，决定张诚和陈霆小团体的人，一个也不用。林萍听了这些大呼冤枉，但是没有办法，谁让她一开始到处介绍自己是张诚妹妹的同学了呢？

对于一个刚刚进人新的工作环境中的新人来说，最值得警惕的，就是要注意避免很快就投身到某个小团体之中，因为你对企业整体的情况并不是很了解，一旦投入到某个团体中，就意味着你戴上了有色眼镜，看人待物容易受团体中人的影响。

参与小团体并与另一小团体为敌更是职场之大忌。“三十年河东，三十年河西”，谁知道另一个团体的某人日后会不会成为帮你跳槽的贵人？应该在团体中保持中立，尽量少发表过激言论，以免造成不必要的麻烦。

即使另一团体的同事是你的职场竞争对手，你也会很快发现，你并非真心把他当对手，只不过是人在职场身不由己。在各个小团体的战争中，能笑到最后的往往是立场中立的人。

在一个企业中，如果你总是搞小团体，那么你早晚会成为老板的眼中钉，企业的老板通常比较反感这种小范围组织，你很可能会为自己带来不必要的麻烦和灾难。如果你保持中立，讲究和大家团结作战，那么在你成就了团队后，团队也会成就你。

既然小团体的存在是不可避免的，那么进入职场的新人，如何生存呢？

首先要区分清楚利益小团体还是合作小团队。小团体的形成可能是兴趣上气味相投，也可能是方便工作上团结合作。如果是兴趣型，就找机会加入共同话题；如果是工作型，就应积极主动融入团体中，通过努力提高自己的工作能力。面对人事利益上壁垒分明的小团体，新人不要着急表态站队。比如吃饭或闲聊时，听到同事背后议论别人，记得一个耳朵进一个耳朵出就行了，千万别去追查真相，更不要传闲话，避免误踩职场地雷。

其次还要搞清楚层级关系。新人初进职场，最怕搞不清楚状况，误打误撞，资深同事通常也不太喜欢莽撞的同事。先搞清公司的架构，了解与工作有连带关系的部门，再弄清每个同事的工作属性和性格特点。

最后为了融入同事中，别吝于情感投资，可利用午餐、下午茶等休息时间，多和所有同事交流，并把握好交往的分寸，明确什么时候以情感交流为重，什么时候以工作需要为重，别搞小团体，避免不必要的伤害。

初入职场，你一定要在新环境中搞清楚人脉脉络，千万别因为站错了队而成为别人攻击的目标。当然了，跟每个同事都相处融洽，尽量不要被贴上小团体的标签，保持中立是最好的方法，这既可以明哲保身，也能把自己置于一个相对安全的地带。如果职场中划分团体不可避免，那么你也尽量应该做到：与各个团体的人都保持不近不疏的关系，这样上司也许会觉得你具有管理者的基本素质——亲和力和协调力。

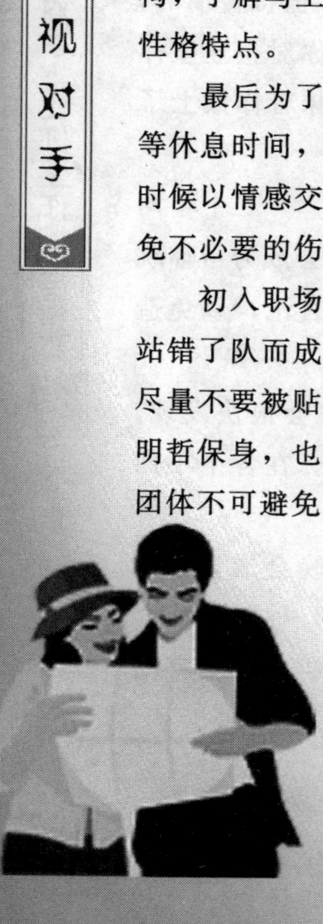

总之，加入小团体弊大于利。俗话说：君子之交淡如水。在职场中我们要尽力做到这种状态：既不要

和某些人过于亲近，又不要和某些人过于疏远，凡事顾大体，识大局，以工作为重，不要看在面子上是非不分。如果的确和某些同事比较谈得来，可以在业余时间多些互动，但是工作中还是应该做到“一碗水端平”，这样既提高了你的威信，也更能发挥整个公司团队的最大能量。

第三章：透视（上司）对手，让你赢得一臂之力

1. 不管上司水平如何，做一名好的下属

每个人都会经历不止一个上司，而上司的特定位置，决定了上司在其下属的眼中绝对不是一个受人欢迎的角色。上司也是普通人，既有自己的优点，也有自己的缺点，不是每一个上司都把事情做得尽善尽美。比如有的上司像个克格勃，整天就知道盯着下属的一举一动，不放过下属的哪怕一丁点的小毛病；有的上司自己业务方面一塌糊涂，却喜欢摆上司的架子对下属指手画脚，瞎指挥等等。但是我要告诉你，身在职场，不管你的心里如何抱怨，也不管你的上司水平如何，作为一名好的下属，你要时刻把自己摆在一个正确的位置上，与你的上司保持融洽的合作关系，这有利于你的职场生涯，反之，如果你一意孤行，你就会在职场寸步难行。

许瑶大学毕业后，顺利地应聘到了一家大公司，她的职位是总经理秘书。公司的工作环境非常好，薪水待遇也非常优厚，许瑶对此非常满意。但过了一段时间，许瑶总是感到总经理似乎对她有意见，对她的态度也不如以前那样友好了。许瑶感到很郁闷，对工作也失去了原

来的自信。其实许瑶不知道，原因就出在她自己的身上。许瑶在家是个娇娇女，从小又养成了孤僻的性格，不愿意主动与人打招呼，她的这种性格很自然地就被带到了工作岗位中。总经理是个比较严肃的人，有时候别人同他打招呼，他总是毫无反应。许瑶认为这样会很没面子，平时在路上遇到总经理，许瑶见总经理目不斜视，心想肯定没看到她，便也装作没看见，头一低匆匆而过，以避免主动去和总经理打招呼。有时候总经理到许瑶她们的秘书室吩咐点任务，其他同事会赶紧站起来冲上司点头微笑以示礼貌，许瑶觉得自己正在忙事情，便一动不动坐在那里。时间长了，总经理自然就对她有了意见，认为许瑶对他缺乏应有的尊重和礼貌，轻视自己，总经理自然对她冷淡起来，后来把她从秘书室调到了车间，说她不适合做秘书工作。

对于初涉职场的新人来说，类似许瑶这样的情况并不少见。还有的人之所以和上司保持着距离，除了性格孤僻清高，无意中流露出轻视上司的样子外，还认为与上司走近了，会招惹同事的闲话，引起同事的不满，于是故意疏远上司，这样做法的弊端是显而易见的。

要改变这种现状，作为下属，首先要改变一下对待上司的态度。上司也和我们一样，并没有独立在整个群体之外，他也需要为整个群体工作。上司之所以能够成为领导几十个人甚至成百上千人的上司，仅凭运气和交际能力是不够的，他们的身上肯定还具备常人所没有的特质，他们的工作能力比常人更强一些，业绩比常人更出类拔萃一些，对挫折的承受能力也比常人更强一些。虽然作为上司他们依然避免不了有各种各样的缺点，但他也绝不会是泛泛之辈。因此在职场中，不管你的工作能力有多强，但至少在大家的眼里，你的综合实力会略逊上司一筹。这时，你最好以仰视的姿态去看待上司的一切，这样你就能看到上司有更多的优势和长处值得你去学习，才会产生去亲近上司的念头，而不是看到上司就躲开，或者视而不见。只有和上司走得近了，上司才有可能近距离地了解你，熟悉你，对你重视起来。别反应太过敏感，亲近上司并非就是拍马屁的表现，你要记住，疏远上司无论对自己还是对工作都不是好现象。

职场生涯中这样那样的问题总是不可避免的，上司的水平在某个方面表现得还不如自己，这也是常有的现象，遇到这种情况时，作为下属，反应也是各种各样的，有的人会在背后大肆宣扬上司的不是，有的人直接不给上司面子，当面顶撞上司，甚至辱骂上司等，虽然一时呈了口舌之利，但这样做，无异你自己为自己在职场的道路上设置了一块绊脚石。有的年轻人尤其是初入职场的新人心直口快，如果他的上司业务不是很熟练，而且遇到事情拿不出具体的意见，便以为有了卖弄自己学识的机会。需要讨论某个重要问题时，本来需要上司表态的，如果上司一时半会还不说话，年轻人就会认为上司不知道怎么回答，于是喧宾夺主，抢先替上司发表意见，殊不知上司却对此很不高兴。因为有些问题的回答，是必须由上司来回答的，如果你总是忍不住抢先答复，夺去了上司表现自己的机会，上司对你能没有意见吗？你以后还会有晋职和加薪的机会吗？

其实，职场中上司的能力不如下属是正常的事情，也是普遍的事情，但我们应该认识到，尽管上司不如自己，可毕竟上司有些地方比如年龄、经历、某些特殊技能等是你不能超越的，而作为下属的你恰恰不具有，所以你应该客观地看待这个问题。从某个角度来说，作为上司，并不是只要业务能力强就可以做好的。所以，无论你自认为水平比上司高多少，你都要尊重上司。

某公司老总每年都在妇女节搞些不同的活动，今

年派新来的助理小孙去征求女员工的意见。以前妇女节的时候，老总不是组织女员工外出旅游，就是给女员工发些床上用品，去年老总搞了一次趣味知识竞赛，由于奖品很丰厚，而且参与就有奖，女员工们参与的积极性很高。小孙经过一番了解，发现女员工们对去年的趣味知识竞赛还念念不忘，说通过趣味知识竞赛学到了不少生活常识，而且还通过活动增进了员工之间的团结。小孙听了，就自作主张告诉大家说："既然大家都喜欢这个趣味竞赛，那今年也不例外，再举行一次就是了，大家从现在起就开始好好准备吧。"小孙回去就对老总说："今年咱们就还举行趣味知识竞赛吧，我已经让她们提前做准备了。"没想到老总听了却很不高兴，说："去年已经举行过一次了，哪能连续举行两次呢？这样就没有新意了，再说组织这个竞赛太浪费精力和时间，搞得大家都没有心思好好工作了，我决定，今年就给她们发点床上用品吧。"小孙愣住了，他没有想到，他的建议代表了大多数人的意见，而且建议合情合理，可老总居然一口回绝了。

小孙自然很委屈，因为他认为自己完全是站在老总的立场上着想的，做出的决定对老总只有好处没有坏处，为什么还要受到这种不公平的待遇呢？其实，小孙错就错在"不在其位，却谋其政"，既然你是人家上司的下属，那么你就应该摆正自己下属的位置，从下属的角度出发去考虑事情，而上司永远是下属的决定者和命令者，无论你的上司能力有多么有限，也无论上司是多么依赖你，但是当本该由他自己拍板决定的事情，被你擅自越权替他做出了决定，那他心理上就会对你产生排斥感和厌烦感，觉得你不懂规矩，随意对上司的权利进行了侵犯，不用说，没有哪个上司喜欢大权旁落的感觉。

身为下属，上司其实就是你的对手，要想让上司认可你，你个人努力是一方面，更重要的是，无论什么情况下你都要记住，上司就是上司，下属就是下属，无论你上司的水平如何，你都不能擅自替上司作决定，只有你的上司才是最高决策者，对上司的决定永远表示服从，这样才是对上司的尊重。你如果违反了这个规则，受到上司的“冷眼相待”也就指日可待了。

一个聪明的下属，总是想方设法去与上司合作双赢。无论你上司的水平如何，做一名好的下属吧！

2. 重视细节，才能让上司更放心

常言说：细节决定成败。正是因为细节过于细小，才容易被人所忽视，也因为其繁琐而对细节不屑一顾。然而正是这些细节，是决定你是否能做好事情的双刃剑，是关系到你职场成败的突破口，因为上司更喜欢做事特别重视细节的下属，认为这样的下属做事更能让他们放心。作为现代的职场人，想要做好一件大事，就要先做好工作中的每一件小事，每一个细节。

很多人在职场中的表现令上司感到不满意。想一想，你是否也有这些不拘小节的表现呢？如为节省自己的电话费，用办公室的电话给同学朋友打电话；不分场合，动不动就当面顶撞上司；上班时间趴在电脑前聊天、干私活；心高气傲，不愿意做诸如打扫卫生、整理文件之类的小事情；缺乏修养，接待客户态度生硬，影响了公司的形象；不注意保密，随便就将合同内容透露给外人等等。这些小事貌似无关紧要，然而也许正是这些无关紧要的小事，不起眼的细节，会让你的上司对你失去信心，从而影响到你在职场中的命运。

孙鹏是一名职场新人，他业务很棒，但是做起事来却总是粗心大意、大大咧咧的。有一次，上司交给他一份很重要的合约，结果他随便往一边一放，等到收拾桌子的时候，顺手就把那份重要的合约当成废纸扔到垃圾筐里了，等到上司要用时，孙鹏却哪里也找不到了，所幸被同事从垃圾筐里找了出来。还有一回，上司让孙鹏草拟一份协议，协议拟好后，恰好客户来到公司，孙鹏就直接把协议给了客户，忘记了自己的上司还没过目。客户签完协议回传后，上司才发现协议里面有几条内容对自己的公司非常不利，可是协议已经签完了，如果悔约就要赔偿一大笔违约金，还会严重影响公司的信誉，只能吃了哑巴亏。自然，上司再也不敢用孙鹏这样马虎的下属了，直接就炒了鱿鱼。

如果说孙鹏被炒鱿鱼是因为自己做事过于粗枝大叶，而一家中外合资企业的苏雅迪丢了工作可就有点“冤”了。苏雅迪的工作能力在财务部门的同事里面是出类拔萃的，可因为一件不值一提的小事，同样也被上司给炒了鱿鱼。有一天下午，苏雅迪因为前一天晚上加班没睡好有些发困，于是用咖啡间里的一次性纸杯给自己冲了一杯热咖啡提神，不料，苏雅迪喝咖啡时恰好被上司看到了，于是上司就告诉她，说公司有规定，一次性纸杯是专供来访的客户使用的，公司员工只能用自备的杯子喝咖啡，这次的纸杯罚款就按规定从她的薪水里扣除，如果再犯，就要按照规定予以开除。苏雅迪觉得公司的规定太不可思议，不过是几角钱的纸杯，也值得这么小题大做，再说她也不相信，还能真的因为一只纸杯开除员工？

过了一阵，苏雅迪的朋友到公司来找她，苏雅迪又用了一只纸杯给朋友倒水喝，没想到，居然有人把这件事情告诉了她的上司，上司调查清楚后，居然真的将苏雅迪开除了。上司认为，苏雅迪作为财务部门的职员，你今天能违反公司制度占用公司的一只纸杯，明天就有可能占用其他更多的公司财富。

在我们看来，为了一只几毛钱的纸杯就炒了员工，的确是有些小题大做了，尤其是对于那些财大气粗的企业来说，更是九牛一毛都不止。但是，在上司眼里，它反映的不是纸杯的价值问题，而是你是否能遵守公司规章制度的问题。对于职场新人来说，他们更关注的似乎是公司的待遇薪金，但是，凡事没有规矩不成方圆，要想让上司对你放心，光关注待遇方面的东西还远远不够，还必须严格遵守公司的各种制度。

身在职场，我们一定要意识到自己人生角色的变化，要严格按照公司的各种规章制度来要求自己。如果说你工作起来很卖力气，但是如果你在细节方面做得不好，上司也不会把大事交给你来做。你最好从一开始就养成遵纪守章的职业习惯，或许开始你可能感到很受约束，但一旦养成了把细节做好的习惯，你就会感到受益无穷。

职场没有小事，细节决定成败，所以我们要一丝不苟地做好每一件小事，做好每一个细节。细节不细，小中见大，可为以后做大事积累资源。而且你做的每一件小事，上司都会看在眼里，只要对你有了踏实肯干的印象，一旦时机成熟，就会放心地交给你做大事的机会。

两年前，郑莉莉刚进入一家公司时，有一天她吃过午饭后，上司告诉她自己还没吃午饭，请她帮忙找家快餐店给他送个盒饭来。郑莉莉急忙给她经常去的一家快餐店打电话，却被告知中午的快餐已经全部售完，郑莉莉失望之余，只好原话告知上司，上司叹了口气，在忙完自己手头的工作后，亲自找地方吃饭去了。

过后，郑莉莉对自己的行为非常后悔，因为她当时只要稍微多动下脑筋，问题就会轻而易举地得到解

决，比如，她完全可以亲自找另外一家快餐店，给上司买回一份午饭来。

过了一阵，上司打电话要找刘主任，是郑莉莉接的电话。郑莉莉老老实实说刘主任外出了，她忽然意识到这样有些欠妥，立即跟了一句：“我马上联系刘主任，请他和您联系。”上司说：“这件事换别人也可以，不一定非得刘主任。”郑莉莉立即回答说：“现在我们部门有四个人在，我，小林，小周，小金，您需要哪一位？”上司痛快地说：“不用找别人了，你直接把下个月的宣传计划送来吧。”

郑莉莉在售后服务部门工作了两年。她的同事们已经习惯了对客户说“不清楚”，“不知道”“你问别人吧”等这样的话。刚开始，郑莉莉也是这样，但是慢慢地，郑莉莉在回答客户的咨询时有了细微的变化，那就是主动地为客户提供更多信息，尽可能让客户有选择的余地，使客户更满意。

这天，郑莉莉接到一个客户的电话，要求尽快派出最有经验的赵工为他们上门解决产品故障的问题，郑莉莉很有礼貌地回答说：“对不起，赵工出差了，我们这里还有郑工、刘工两位工程师，他们经验也很丰富，特别擅长解决各种产品故障。”

放下电话后，郑莉莉看到上司正欣赏地看着她。上司早就注意到了郑莉莉，尤其从她接电话这样的细节中，看到了郑莉莉非凡的能力，很快，郑莉莉就被升为售后服务中心的主管，而她成为主管的第一件事，就是开始对售后服务中心的全体员工进行接电话的培训。

其实，我们身在职场，身边有的是不乏诸如接待客户投诉、送文件等不值一提的细节和小事，可谁又敢保证，把细节做好就不能把自己练就一个优秀的员工呢？

上司给你的也许只是一句吩咐或者漫不经心的话，具体怎么琢磨，采取什么样的措施，那就是你自己的事情了。你如果只需要一句简单的吩咐与命令，就能够做好事情，解决问题，那才是真正的能力。

职场上，重视任何细枝末节的小事情都会有特别的意义，不要小瞧了这些细节，做好了这些细节，上司才会从细节中发现你可信任之处，对你从此刮目相看，才会对你更放心，更有助于你在职场的成功。

3. 做事有条理，一切都追求尽善尽美

在职场中，员工的工作风格往往有很大的差别。有的员工，工作起来马马虎虎，得过且过，即使是力所能及、完全能做好的事情，他也是习惯做得差不多就行了，他们希望要求越低越好，满足于现状，不思进取。这样的结果是，当上司发现你工作中有问题，就会认为你是一个不求上进、缺乏责任心的人，以后很难会重用你。而有的员工却相反，他们工作认真，做事讲究条理性，一切都追求尽善尽美，哪怕是看似无关紧要的细节，他们也会努力把工作做到最好。对于上司来说，他们更喜欢这样的员工。因为工作中，不管看来是多么成功的事情，一个小小的缺陷，都可能使所有的努力前功尽弃，所谓差之毫厘，谬之千里，而工作越完善，离成功就会越近。

杜勇是一家广告公司的职员，他是广告设计专科出身，自认为才华横溢，业务能力很强，自己随便应付的广告策划案，都比别人努力做的还要好，从来不肯尽心尽力对待工作。

这天，一家知名的大公司要求杜勇所在的广告公司策划一个广告宣传方案，上司指定由杜勇来做这个策划。杜勇接到任务后，用了一天的时间就把广告方案交给了上司，上司一看，就指出了这个方案存在很明显的漏洞，让杜勇重新做。杜勇觉得上司要求也未免太高了，但又不敢不听，这次用了两天的时间，又重新做了一份策划交给上司，上司问："这就是最好的方案了吗？"杜勇说："这份方案虽然不是特别完美，可是已经很不错了，不可能再有比这更好的方案了。"上司没说什么，就把方案给了公司老总。

第二天，老总把杜勇喊进了自己的办公室，问他："你还能做出比这更好的策划吗？"杜勇有些心虚，迟疑地回答："如果给我时间，我再做些修改，相信效果比这个要好。"老总什么也没说，杜勇连忙返回办公室重新做策划去了。

这次杜勇用了两天的时间，把修改后的策划交给了老总，但是，老总却连看都没看，只是问杜勇："你还能做得比这个更好吗？"杜勇沉默了，他知道这个方案虽然改进了不少，但是，还是有潜力可挖的，于是，杜勇又乖乖把方案拿回去修改了。

杜勇这次没敢大意，他认真坐下来，仔细推敲策划方案的每一个细节，发现确实有很多需要改进的地方，这次他用了整整一周的时间，将整个策划方案重新做了一遍，当他把策划方案交给老总的时候，老总仍然没看，只是问他："你认为这是你能做出的最好的策划方案吗？"杜勇昂头挺胸地回答："是，我认为这是最完美的策划方案。"老总这才开始看那份策划方案，然后肯定地告诉杜勇，策划方案做得不错，通过了他的审查。

有了这一次的经历，杜勇的工作态度有了明显的改变，无论做什么工作，无论难度大小，他都会严格要求自己做事要有条理，在每个细节方面都严格要求自己，追求尽善尽美。上司和老总看到他的转变，都非常满意，不久，杜勇就得到了老总的提拔。

作为下属来说，上司希望你交给他的都是最完美的结果，这样他才可能看重你。作为下属，其实只要你用心去做，就一定可以做得更好。有些下属之所以得不到上司的青睐，就是因为他们总是得过且过，总觉得自己做得足够好了，而事实上，你真的已经付出自己最大的能力了吗？看看我们的身边，一些下属往往只用“还行吧”“差不多了”来衡量自己做事的结果，因为做事没有条理，不追求完美，计划中的各项细节没有安排妥当，不是做到中途便再也无法进行下去，就是把事情搞得一团糟。这种敷衍了事的工作态度，终究导致一事无成。

在这个竞争激烈的年代，把工作做到最好是很多企业追求的目标，只有将工作做得越到位、越完美，才可能为企业创造更多的利益。创办 IBM 公司的老托马斯这样告诫自己的员工：“在工作中追求完美，就算没有做到也会比按照一般的标准做到要好得多。”工作是要用汗水去做的事情，如果只是以“差不多”为标准，那就永远不会取得成功，这句话应该成为我们每一个员工做任何一项工作的态度。如果每个人都能实践这句话，无论做任何事情，都有条理，用心去做，以求得尽善尽美的结果，那么，我们每一个人离成功也就会越来越近了。

作为一名下属，无论从事什么工作，都要全力以赴，追求完美，能做到这一点，才不会为自己的前途操心，因为上司最喜欢的就是

这样的下属。成功的下属无论做什么事情都不会马虎大意、满足现状，总是对自己高标准严要求，尽力做到最好。对于上司来说，这样的下属才是最有价值的下属。如果只是以做到“尚可”为满意，或是做到半

途便停止，那将绝不会成功。

一切都追求尽善尽美是每个人的梦想，但是做起来却不容易，那么，如何在工作中做到完美呢？首先，给自己制定一个较高的目标。如果只满足于目前的成绩，按照目前的低标准要求自己，那么，你就不可能有进步，只有给自己制定一个较高的目标，并且朝着这个目标去努力，即使最后达不到这个目标，你的成绩也会较以前有很大的提升；其次，从小事做起，从现在做起。要在每一天的工作中告诫自己：一定要让今天的工作做得比昨天更好，一定要让上司比以前更满意自己；再次，做事要有条理，要有精益求精、不达目的不罢休的精神和拒绝平庸的工作精神，既要有打破常规、尝试新鲜事物的勇气，又要有承受压力的胆识；最后，要全心全意、尽职尽责地做好自己的工作。对于下属来说，只有全心全意、全力以赴地做好自己的工作，才能既为公司创造利润，又为自己的发展奠定基础，从而获得双赢的结果。

相信每一位上司都愿意重用工作尽心尽力、一丝不苟的员工。平庸的下属随处可见，而工作尽心尽力、善始善终的却是罕见。对于那些做事缺乏条理，懒惰成性等习以为常的员工，很难得到一份令人满意的工作。

“适者生存”，这个职场法则并不是仅仅建立在优胜劣汰的基础上，而是对每一个人都公平的原则。许多年轻人之所以失败，原因就是做事不认真，做任何事情都不会要求自己做到尽善尽美，那些思虑不周与懒惰的人，同那些思虑缜密、勤奋的人相比，在上司眼里有天壤之别，根本无法相提并论。

期望能得到上司的青睐，能顺利升职加薪，是每个下属的梦想，然而，这是建立在忠实完美完成工作职责的基础上的。作为下属，如果你不尽职尽责地完成你的任务，你在上司眼里就永远不会获得有价值的提升。当你在做上司交代给你的普通工作时，不要再这样反问自己：做这样平凡的工作会有什么发展前途呢？要知道机遇往往蕴藏在琐碎而普通的工作中，只要你把工作做得比别人更完美、更有条理、更专注，就能引起上司的关注，实现你在职场的梦想。

4. 永远要超过上司的期望

如果你想在职场上取得成功，必须做到这样一点：你在上司的眼里是出类拔萃、与众不同的，无论做什么事情都能在众多的竞争者当中脱颖而出，并且超过上司对你的期望。如果你做事一直坚持这样的一个原则，即“做事永远要超过上司的期望”，那么你就是上司眼里的好员工，一个能令上司满意的员工，遇到升职加薪时，也是上司会首先考虑的员工。

作为员工，上司会经常布置任务给我们，接到上司布置的任务时，我们都可以做出两种选择：要么是马马虎虎敷衍了事，得过且过，勉强完成任务，上司虽然有意见，却也挑不出什么毛病来；要么投入全部的精力和热情，认认真真完成任务，先分析一下上司希望自己能达到的标准，然后高标准严要求，最终出色地完成了上司交给的任务，且超出了上司的期望。当你将任务完成情况向上司汇报时，上司就会这样感慨：这个人做得不错啊，比我想的结果要好多了。当上司多了几次这样的感慨，就会发现你是一个认真负责的，让人信得过的人，你自然也就成为了上司心目中的好员工。上司对你有了好感，当你遇到机会时，上司自然就会助你一臂之力。

可以说，上司对同一批招聘的员工，期望都是

一样的，但是总有一些人达不到或者能基本达到上司的要求，只有有少数的人表现出色，无论做什么事情都能超过上司的期望值，上司给他们进步的机会也自然会越来越多。

南方一家公司的老总临时决定收购北方一家公司，且要在一个大型商务会议上发言。因为时间仓促，他身边的几名工作人员忙得团团乱转，小张负责拟定发言稿，小孙负责拟订和被收购公司的谈判方案。

第二天，老总乘坐飞机去北方的当天早上，公司各部门的主管都到机场送行，有一名副总问小张："你负责的发言稿打好了没有？"小张心虚地说："昨晚写到十点多，实在太困了，我就睡觉了，本想今天早上早起来弄的，结果又睡过了，还有一个结尾没弄好。不过没关系，上司坐飞机的这段时间，足可以让我把发言稿整理好，然后给老总传过去就可以了。"可是没想到，老总赶到机场后，第一件事就是问小张发言稿的事，小张又把他的理由说了一遍，老总大怒，指责小张说："你太让我失望了，你这不耽误事情吗？我本想利用坐飞机这段时间，好好熟悉一下发言稿的，再说，你传给我，难道让我自己去找打印机打印发言稿吗？"小张顿时汗如雨下，直后悔昨晚不该没做完事情就睡觉。

小孙这时上前，把自己拟定好的谈判方案交到了老总手里，老总在飞机上细细看了一下小孙拟定的谈判方案，整个方案既详细全面又有针对性，不但包括了对方公司的投资情况，盈利情况，背景调查，人事变动，也包括了谈判中潜在发生的问题和应对策略，甚至包括如何选择谈判地点等很多细节方案。老总对小孙的这份谈判方案非常满意，超过了他的预期，没想到在时间这么紧的情况下，小孙能做出这么完备而又有针对性的谈判方案来。后来老总在与北方公司的谈判中，虽然经历了一些波折，但是因为老总对各项问题都有了细致的准备，最终公司以合适的价格成功收购了这家北方公司。

老总回到公司后，将小孙视为得力助手，自然得到了老总的提拔，而小张自此以后便受到了上司的冷落，最后不得不辞职。一名杰出的员工就应该像小孙一样，对上司交代的任务，一定要高标准严要求，要超过上司对自己的期望，并不断学习，不断成长，不断进步。不管是在时间，还是质量上，只有总是把工作做得超出上司期望的员工，才会征服自己的上司。

美国人力资源管理学家科尔曼曾说过：“职员能否得到提升，很大程度不在于是否努力，而在于上司对你的赏识程度。”而要获得上司的赏识，则取决于你是否永远超出上司对你的期望。上司更期望你怎么做呢？不妨按照下面的建议去试一试。

（1）愉快地接受任何任务

再完整的规章制度，再详细的岗位规则，都不可能把每个员工应做的事情讲得清清楚楚，常常会出现意外的事情，让你临时接受任务。临时的事总是要有人做的，你最好一口答应，千万别斤斤计较这些事情，要知道，你在这个地方付出了，就会在另一个地方得到回报。如果你心甘情愿去做，上司就会非常地感激你，他即使当时不表态，事后也会利用另外的机会回报你。

（2）让上司掌握你的工作进度

上司常常见到自己的下属每天都忙忙碌碌，却不清楚他们在忙什么，又不好意思经常去问。因而作为下属，一定要经常主动地向上司报告自己的工作进度，让上司放心，才能对你产生好感。万一出现错误，上司还可以及时给你纠正，避免错误扩大。

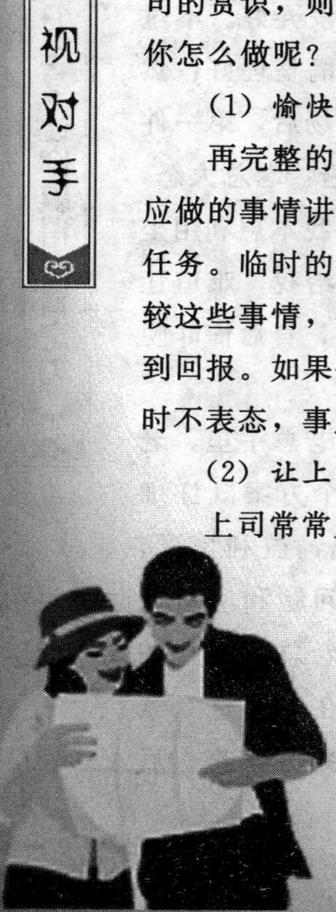

(3) 详细回答上司的询问

许多员工在回答上司问题时不太讲究回答方式，似是而非或者拒绝回答的态度可能让上司难以接受。对上司的问话，一定要做到有问必答，让上司清楚地了解情况。你回答的比上司问的要多，可以让上司放心；若你回答的比上司的问话还要少，上司一定会不高兴，甚至对你心生厌恶。

(4) 别犯同样的错

上司总是不希望下属犯同样的错误。人非圣贤，孰能无过？不论多么优秀的人也肯定是要犯错误的。聪明下属的可贵之处是能在每次犯错误之后，及时总结经验，接受教训，下次绝不犯同样的错误。不要以不小心作为犯错误的借口，更不能故意去犯错误。如果能做到这些，那你的上司会进一步认同你的素质，并更加赏识你。

(5) 体谅上司的处境

上司出现失误时，千万不要幸灾乐祸或者指责、嘲讽，这会令他极为愤怒和失望，容易把你们的关系搞僵，激化矛盾。如果你能体谅上司的处境，帮他总结教训，多加抚慰，并且在他需要的时候伸出援助之手，你定会得到上司的信任，以后也会对你另眼相看。

(6) 主动改善自己的工作

每过一段时间，你应该想一下，工作流程有没有改善的可能？如果你是你所干工作的专才，而你的上司不是，但却由他提出了改善计划，想出了解决问题的办法，那么上司不会对你有好感。任何的工作流程都不是无懈可击的，都有改善的可能。如果大家都无所谓，都不想改善，而你却做到了，你就同他人不一样，上司也会喜欢你，看重你。

在工作中，如果你完成的每一项工作都达到了上司的要求，你可以称得上是一名称职的员工，但你永远无法给上司留下深刻的印象，只有超过上司对你的期望，你才能让他的眼睛一亮，才能让他在时机成熟的时候想起你，给你一个锻炼的机会，在通往成功的道路上助你一臂之力。

5. 让上司知道你在不断地进步

如果我们仔细观察一下，就会发现身边有很多这样的人——努力工作，努力奋斗。各行各业的每个阶层都会有这样一大群一味埋头苦干的人，这些人毫无例外地，都有着非常强烈的进取心和对工作的责任感。尽管他们也会经历挫折和困难，但是这种埋头苦干的精神已然成为一种习惯，他们不辞辛苦，努力勤勉，促使他们在职场和生活中获得成功。

有人搞过这样一项调查：你认为自己是个埋头苦干的人吗？结果参与调查的人对此持肯定态度的人超过了60%。

埋头苦干没有错，这是一种值得肯定的工作精神。但是今天我要告诉你，一味埋头苦干并不意味着你就一定会成功，一味埋头苦干，不知道抬头看看路，无论付出了多少汗水，无论你取得了多少成绩，可是你不向上司汇报，上司又怎么能知道你的进步呢？升职、加薪的事情又怎么能轮到你的头上呢？

我们都从教科书里学到了“愚公移山”的故事，它告诉人们坚持不懈埋头苦干就会成功的道理，然而，这个故事就和“只要功夫深，铁杵磨成针”的故事一样误导了很多年轻人，以至于这些人以为自己只要像牛一样默默无闻埋头苦干就能取得成功。

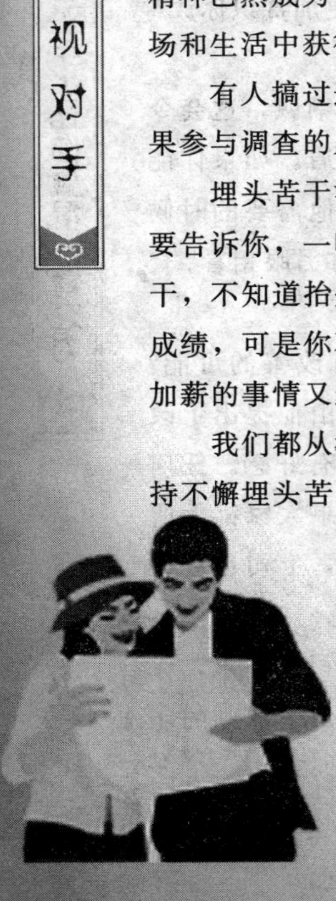

职场是一个争速度、抢效率的战场，你必须从各

种方法中，找出对你最有利、效率最高的方法，然后再去完成。埋头苦干、重复做无意义的事情，或者是收益很低的事情，只能是白白耗费时间，给人留下愚蠢的印象。

小林大学毕业后，进入一家中型企业工作。小林做事努力认真，务实勤恳，从不偷奸耍滑，上司交代的任务从来都是不打折扣、保质保量地完成。有时候任务多，为了按时完成工作，他经常主动加班到很晚。

然而一年后，有个在小林看来工作不怎么勤奋，而且为了让工作省时省力经常要小聪明的同事居然获得了升职，自己却连个优秀员工的荣誉称号都没有得到。小林想到自己为企业付出了那么多辛苦和汗水，不计较报酬而经常加班，反而得不到上司的赏识和肯定，这让他很不服气，于是决定找上司谈一谈，心想大不了辞职不干了。

上司首先肯定了小林的工作非常勤奋，总是踏踏实实地完成上司交给的任务，然而上司又告诉小林，他经常埋头苦干，这个是大家有目共睹的，但是他做事只知道机械执行上司的指令，一年了也没发现他有什么进步，而升职的那个同事，经常向他汇报自己的想法，既懂得讲究工作效率，又懂得利用现有的条件让自己的工作省时省力，同时也让企业节约了成本，他的进步是有目共睹的，升职也是理所当然的。小林听了这才醒悟过来，其实自己想的并不比那个升职的同事少，可是他从来不向上司汇报，上司自然看不到他的进步，还以为他没有为企业付出多少力。

事实上，职场中像小林这样的年轻人还有很多，他们平时只知道埋头苦干，以为自己完全对得起自己的工作。可是如果上司看不到你的努力，你干得再辛苦也是没有用的，你应该及时向上司汇报。如果你缺少对上司的汇报，上司看不到你的进步，那么你干得再好也没有用。因此，只知道埋头苦干并不说明你就是一名好员工，如果你是这样的员工，那么你需要停下来重新审视自己一番，找到自己的不足，做一个能力强、和上司沟通能力也强的员工。在这个社会上想要成功并不太容易，成功需要的不仅仅是埋头苦干，更需要抬头看路。不仅要苦干，更要巧干，要随时让上司知道你的进步，一个人是否成功靠的是脑力而不仅仅是体力。

职场中，那些埋头苦干的员工，对待工作积极主动、勤勤恳恳，属于实干派。而善于巧干、随时让上司知道自己的进步的员工，属于智慧派，他们不仅能让人际关系更润滑，也让本人对职场的投入收到更多的回报。

苦干和巧干，两种工作方法是相辅相成的，两者并不矛盾。我们回头看一下，那些曾经在职场中取得成功的人，差不多都是从苦干开始的。因为初入职场的新人既缺乏工作经验又没有相应的资历，对业务更是一窍不通，只有在职场摸爬滚打三五年后，随着工作经验的增多，逐渐总结出属于自己的一套巧干经验。

苏蕾大学毕业后一直在一家合资企业工作，是一名勤奋积极的女孩子。虽然没有大的业绩，但是出谋划策的功劳不算少，总的来说，算是一个很能干、很认真勤奋的员工，这点可以从同事们对她的评价中可以看出。但是，升职加薪却总是与她无缘，她的职位一直还在原地踏步。

经过反思，苏蕾发现了自己存在的问题。她一直认为埋头苦干终会得到上司的赏识，平时她做事非常低调，见到上司都避而远之，从不与上司交流和沟通，她自己的好创意也没有勇气在部门的策划会上提出来，而是委托其他同事发言，结果被他人抢去了风头，反倒成了他人晋升的跳板。如今想来，这恰好是自己的职场大忌。

苏蕾决定改变自己。从此以后，她开始定期向主

管汇报工作，及时咨询主管的意见，避免了工作的失误。每次部门召开策划会，苏蕾也打破了她一贯的沉默，不但积极主动发言，还参与讨论决策。有一次上司旁听他们部门的例会，由于苏蕾进行了精心的准备，她的精彩提案给上司留下了很深的印象。后来在上司的大力支持下，苏蕾独自承担并出色完成了几个重要的项目，不仅在同事面前树立了威信，还被上司提拔为部门主管。

经常听到身边的年轻人在抱怨，说自己埋头苦干可上司却视而不见，那些平时偷奸耍滑不怎么干活又喜欢去跟上司套近乎的，却总能从上司那里得到额外的好处。苏蕾的例子告诉我们，职场上仅有埋头苦干是不够的，还要懂得巧干，让上司看到你的努力和能力，这样你才能踏上升迁之路。

因此，建议这些年轻人平时要随时和上司交流沟通，让上司了解你的工作构思和设想，从而看到你的进步。如果做不到，那就不要埋怨上司不理解你，不提拔你，是你自己没有给上司了解你的机会。

当然，随时和上司沟通并不是让你去投机取巧，更不是对埋头苦干的否定。上司当然不喜欢那些又笨又懒的员工，但如果你一味埋头苦干，却不懂得适时抬起头来和上司沟通一下，上司又怎会看到你的出色表现？

在职场上打拼，要想取得一番成就，必须要有竞争意识，这份竞争意识可以表现为进取心。企业的发展离不开积极进取的员工，所以员工的自我进步便是一种极其珍贵的职业品质。如果你想成为上司欣赏的员工，让上司不断看到你的进步是不可缺少的。

一个不注重学习、不思进取、没有竞争意识的员工，也许可以守着“本分”，但不可能给团队创造更大的价值。升职路上的障碍就是你永远没有给上司留下印象。当你让上司看到你在不断地进步，知道你是一个不断进取的员工，有了空缺的职位，才有可能想到你。即使你现在还存在一些问题，但是上司愿意相信有进取心的你有毅力去克服各种困难。

6. 坚决服从是对上司最好的赞美

韩信是汉朝的开国大将军，他的势力很大，几乎达到了跟刘邦、项羽三分天下的程度。实事求是地说，汉朝能得天下，韩信功不可没。但是他不拘小节，在平定齐国时，在刘邦不知情的情况下，就擅自把自己封为齐王，给刘邦来了个先斩后奏。刘项决战前夕，韩信带着重兵，却临阵和刘邦讨价还价，就是不出兵。刘邦心里对韩信非常不满，后来时局稳定了，刘邦就开始一次次地找机会收拾韩信，最后终于让韩信赔上了一条性命。韩信这样的开国大将军，不服从上司刘邦的领导，尚且被上司严重修理了，甚至搭上了自己的性命，我们这些普通的职场员工，更应该引以为戒，记住坚决服从才是对上司最好的赞美。

作为职场中的一员，在职场中取得成就高低的一个重要标志，在很大程度上取决于能否跟你的上司搞好关系，这样加薪或者升职机会来临的时候，上司才可能首先想到你。如何跟上司搞好关系，也的确是让很多初入职场的年轻人感到困惑的问题。有的年轻人仗着自己学历高，见过世面，总是不肯服从上司的命令，即使内心是想跟上司搞好关系的，却把握不住分寸，冲动起来便不分场合顶撞上司，甭说获得上司的好感了。

金融专业毕业的研究生叶军在一次人才交流会上，成功加盟一家房地产公司，公司的老总对叶军寄予了厚望，不但给了他相当优厚的待遇，还准备等他过了试用期后公司就对他委以重任，以助公司更加迅速地发展。叶军报到第一周的周末，老总专门请了公司的几名高级管理和得力助手在一家大酒店聚会，实际上是给叶军接风，算是给足了叶军面子。当然，这其实也是老总设下的一场鸿门宴，目的是为了考验叶军的综合能力。但是很不幸，叶军的表现让众人大跌眼镜。聚会既然订在周末，大家也好不容易摆脱了工作的重压，难得轻松轻松，所以谁也不愿意再谈及公事。不过叶军也许是和大家还不太熟，没有更多的共同语言，也可能是想在众人面前卖弄一下自己的学识，就在大家吃兴正浓时，谈起了本公司的经营理念问题，他的一番话虽然说得正中时弊，但叶军动不动就拿美国的公司说事，还指出公司现在的一些制度很不高明，这让人听了很不顺耳，并觉得他有崇洋媚外之嫌。而且叶军并不知道，他所看不惯的这些公司的制度，大多是老总亲自参与制定的，他还不知深浅地谈了几点如何改正现行公司制度的意见。

老总虽然没说话，可大家也都看出了他的不悦。同来的办公室的孙主任，见此情景，敏锐地发现形势不对，就话中有话地批评了叶军几句，让他停止说这些话。叶军不知就里，看到孙主任和自己年龄差不多，还以为他是嫉妒自己的学识，遂起了竞争和卖弄之心。叶军故意在众人面前用许多冷僻的专业知识，把孙主任问得满脸通红，差点恼羞成怒。只是叶军不知道，孙主任虽然只是个办公室主任，业务能力也一般，但他很会来事，人缘极广，又特别听老总的话，对于老总来说，孙主任在他心目中的地位非同小可。聚会完毕，大家去歌厅唱歌，老总唱了一支他最擅长的歌曲《向天再借五百年》，引得众人一片掌声，轮到叶军唱了，他居然也唱了一首《向天再借五百年》，声音浑厚，字正腔圆，明显盖过了老总的风头。大家只是象征性地给他鼓了鼓掌，而老总一边跟着大家鼓掌，心里却酸溜溜的很不舒服。

试用期过后，叶军并没有被留下来，其实他的这一天早在聚会那天就已经明了了。聚会的时候，他无意中批评了老总制订的公司制度，还不服从老总手下孙主任的劝告，唱歌的时候还抢了老总的风头，暴露了自己在社交场合上的经验不足，屡次反对老总，这样的下属，就算学识再渊博，哪个老总又愿意留他呢？再说就算叶军能在公司留下来，他的职场之路也必定不会平坦的。

所以，我们从叶军的身上应该看到，要想和上司搞好关系，首先你要服从上司的领导。要让上司感到你是他的左膀右臂，不仅忠实于自己、听自己的话，而且处处服从他，维护他，并能帮自己办事。如果上司对你产生了这样的感觉，那么恭喜你，你的职场之路将会一帆风顺，因为上司会助你一臂之力的。

在跟定一个上司之前，认同上司的工作目标和工作方法很重要。因为作为下属来说，无论你从事哪项工作，归根结底都是为了帮助上司完成他的工作目标。如果你作为下属来说，自我意识过于膨胀，主人翁精神过分强大，专门跟上司对着干，喜欢挑上司的毛病；或者看不惯上司的工作方法和做派，暗地里消极怠工，以此反抗上司的领导。这些做法对个人在职场的发展，是十分不利的。如果下属不服从上司的领导，整个团队就无法有效地完成工作任务。反之，如果你能够诚心诚意地支持上司的工作目标和方法，并表现出绝对地服从，上司就会把你当成工作上的得力助手，还会把你看成自己人，说不定哪天机会来临时，就会助你一臂之力。

那么，怎么表现才算服从上司呢？如果上司让你大幅度提高工作速度，你就不能说慢工出细活；如果上司喜欢咬文嚼字，那你写报告就得多准备几本字典，千万别交给上司一篇错字连篇的文件来……当然只是学会察言观色还不够的，坚决服从上司的领导才是最最重要的。用句玩笑话说就是：如果上司让你往东，你就不能往西；如果上司让你打狗，你就不能撵鸡。即使你的上司特别无能，制定出来的东西哪怕在你眼里是极其可笑的，如果不是原则性问题，如果你不想跟上司翻脸，你就得无条件服从上司的规定，这么做在管理学上有其一定的道理。上司最不喜欢下属不服从自己，挑战自己的权威，所以，任何冒犯上司权威的理由，都不是理由。上司的工作上有点缺点，如果你好心好意提出来，哪怕是对上司有利的，上司仍然不会高兴，如果你一意孤行，只要上司有朝一日抓住你的小辫子，你就不会有好日子过了。

坚决服从上司的下属，通常都是上司的左膀右臂，比如上司喜欢摆排场，那你就得亲力亲为，工作细致点，多解决实际问题；如果上司喜欢干实际工作，那你就得安心守家，做好后勤工作。当然了，坚决服从上司的领导，不是说就得盲从上司，两眼一闭，上司说啥是啥，如果上司领着大家都快掉沟里去了，你明明看出来了危险，还在后面喊加油，那你这就是存心不良想看热闹了。面对上司工作中可能出现的严重问题，我们可以建言建策，但一定要注意方式方法，充分照顾上司的面子。比如，当上司出现严重失误或问题时，不要当众指出，让上司下不来台；在公共场合要注意尊卑有序，不要抢上司的风头，让上司有机会多表现；在公开的正式场合，不要跟上司过于随便，尽可能地维护上司的权威；上司理亏时，得饶人处且饶人。要勤于跟上司沟通来往，培养跟上司的感情。

只要你这样做了，你就会得到上司的信赖。坚决服从上司就是对上司最好的赞美。

7. 别和上司较劲

在职场上，我们经常发现有的下属爱同上司较劲，比如，当上司批评下属时，下属不服气，当众辩解；当上司安排下属工作时，下属不愿意服从，就摆出一大堆理由来拒绝；当部门开会时，上司提出建议后，下属当即公开反对上司的观点等。我们也完全理解这些下属和上司较劲的原因："为什么所有的事情都是我做的，升职加薪却没我的份""什么事也要让我向上司汇报，难道上司认为我没有能力""我的方案比别人的要好，为什么不用我的"，甚至有的人因此而频频跳槽，可是无论跳到哪一个公司，无论遇到什么样的上司，如果不能从思想上正视这个问题，那么你到哪里也会对上司有着同样的抱怨。

张扬是一所职业学校的教师，最近学校的教学主任离职了，需要从教师中提拔一位担任教学主任。张扬资历老，教学经验也很丰富，还获得过很多奖励，不仅同事们认为教学主任一职非她莫属，就连张扬也认为教学主任已是自己的囊中之物。可是结果出来后，张扬大失所望，新教学主任走马上任，却是另一位女老师。令张扬不能忍受的是，新教学主任不仅资历浅，教学经验不如她丰富，也没获过什么奖项，张扬很是郁闷，在朋友的指点下，她开始反思自己的行为。

过去，张扬总是把全部精力用在教学上，很少与校长沟通，同校长的关系也仅限于见面点个头。校长布置的任务，她都很认真地完成，即使遇到问题，也

是自己想办法解决，不太喜欢随意改变制定好的工作计划和内容，她总认为校长不体谅她们这些一线教职员工，因此对校长不合理的要求，她总是大胆提出自己的不同看法，甚至争得面红耳赤。而那位新主任，她的工作能力比张扬要逊色一些，但跟校长的关系却很和谐，她很擅长与校长沟通，并习惯站在上司的角度去解决问题。上司不管说什么，她只会点头，从来不提异议。

张扬将全部精力扑在工作上并没有错，但是在职场上，提高自己的工作能力和业绩是一方面，善于处理同上司之间的关系也是一门很重要的课程。很多人会抱怨人际关系是一门太高深的课程，跟上司过于亲密，会被周围的人看成是巴结上司，这是很多人所看不起的事。在职场上很多人忽视了这样一个理念，其实和上司搞好关系也是一种很重要的工作能力，工作能力和人际关系并不矛盾，反而能互相促进。上司当然喜欢听话的下属了，有的人非常注意细节，在公开场合更善于聆听，即使有不同意见也予以保留，或者在私下的场合，才跟上司交换一下个人的意见，这样比公开和上司较劲，更给上司留面子，上司也会对你有一个好印象。

下属总有自己的习惯，上司也会有自己的管理理念，当下属和上司产生矛盾时，也就对双方提出了更高的要求，解决矛盾的最好方法就是彼此理解。下属不要站在自己的立场对上司要求太高，做上司也不容易，他们也要对自己的上司负责，更要对自己的下属做出表率，拿出自己的威信，所以不可能事事都顺下属的心愿。所以作为下属，要体会上司的不易，以朋友的姿态理解并支持你的上司，时间久了，你就会发现，其实上司还是蛮通情达理的，与上司沟通也没有想象中的困难。

曾经有人调查过下属与上司之间的关系，其中与上司关系很好的下属约占30%；与上司关系一般的下属约占60%；与上司关系不好的下属约占10%；2%的下属经常与上司发生冲突。下属和上司引发冲突的原因主要表现在：首先，下属和上司的社会地位和位置确实是不平等的，在经济利益的分配上肯定会有一定的差距，这在任何时代任何单位都不能避免。其次，上司和下属之间信息沟通不畅。通常下属都希望与自己的上司建立良好的关系，而下属存在的最大问题就是缺少与上司的沟通，通常下属不好意思也不敢与上司沟通，更缺乏与上司沟通的技巧。最后，从心理学的角度来说，每个人都会有不同程度的自恋，在潜意识中认为别人就应该理解自己，应该支持自己，而忽略了对方其实也是一个独立的人，反过来也会对自己有同样的要求。如果下属恰好具有强烈的自恋人格，那么他一旦觉得上司没有完全如自己所愿，很容易引发一种自恋性愤怒，于是采取不同的方式来发泄，表现为和上司语言上较劲，甚至发生肢体冲突，也就是说，下属有意无意中把自己的意志强加给上司，而忽略了上司的需求。很多下属和上司之间的冲突，多是因为这个原因。

换个角度来说，其实上司才是你最大的资源，上司总是比下属站得高看得远，看问题更全面。下属同上司处理好关系，上司看你顺眼了，才会在工作中给你提供方便和助力，反之，则是处处给你设置障碍。如果想在职场有好的发展，那么作为下属一定要记住这一点：能够得到上司的认可与信任，这是实现职业生涯发展的重要因素。

很多人认为上司高高在上，可实际上，上司很需要下属的汇报和沟通，以便掌握工作进行的情况，根据实际工作进度作些调整是很正常的，这当然不是让你盲目服从上司的决策，但是工作中遇到问题及时向上司汇报是应该的，取得了阶段性的成绩更要及时向上司汇报，跟

上司沟通多了，对于上司进行的工作调整和改变，就会很自然地接受了。但如果下属认为自己确实是对的，可以私下和上司交换意见，如果你钻牛角尖，非要当众和上司论个高低对错，上司就会以为你和他公开较劲，就会对你的印象大打折扣，接下来，也就没有你的好果子吃了。

职场中，如果下属想与上司搞好关系，做到以下几点很重要：首先，下属要接受与上司位置不平等的现实，人生没有绝对的公平，下属应采取顺其自然的态度，把更多精力投入到工作中去，完成工作任务是与上司建立良好关系的前提，有的下属总是通过和上司较劲，用消极怠工的方式来表达自己对上司的不满，这不是理智的做法；其次，下属要加强与上司之间的沟通，在工作中要善于把自己的强项表现给上司看，让上司肯定自己的能力。上司不是高不可攀的，有事情多和上司沟通，上司会理解你，进而支持你；再次，下属多和上司进行换位思考，理解上司也有难处，上司理亏时给他留台阶，避免当众让上司下不来台，尽量积极配合其工作是上策；最后，不要因为和上司关系不好而跳槽，这是很不明智的做法，你需要做的，是应该反思自己的行为方式，到底自己哪些错误，导致了目前你的困境？然后改变自己的错误，这会让你终生受益。

古语有云："在其位谋其政"。决策者是上司而不是你，那么你就该当尊重上司的决策。作为下属，即使你自以为很聪明，也不能过于自命不凡，而是要承认上司的聪明。你要记住你的饭碗是掌握在上司手里的，当你和上司的意见有分歧时，不要和上司较劲，而是要适时地提出建议。如果上司实在听不进去你的劝告，你也能够进退两便，无须强人出头。

8. 别在上司面前推卸责任

在工作中，当你某件任务没有完成，你有没有对上司说过这样的话："那个客户简直蛮不讲理，我再也没有耐心和他交流了。""我没有在规定的时间里把事做完，是因为我要不停地接客户电话，浪费了我很多时间。""这不是我的专业，我没学过。""事情太多了，我没有三头六臂，等我做完了手头的工作，再完成这件任务吧。"等等这些借口，其实你自己心里也都明白，你的目的只有一个，那就是在上司面前推卸责任。也许我们的借口是能让我们暂时逃避了困难和责任，逃避了上司的指责，但是，习惯了为自己推脱责任后，你将会为此付出高昂的学费，它对你的职场生涯带来难以估量的危害。

任何一个上司，不管他自身的能力如何，他都是喜欢那些比较听话，踏实肯干，遵守纪律，能独当一面，能为他带来效益的下属。也许有人会觉得这样的上司太过挑剔，其实我们不妨换一个角度考虑问题，如果你是上司，是不是也会喜欢听话和能干的下属呢？答案是显而易见的。不过，总有一部分下属，喜欢在工作方面斤斤计较，不属于自己职责范围的工作，一推了之；属于自己职责范围的工作，如果做出成绩了，自然会积极把功劳揽到自己头上，可如果工作出现了差错，便会急急忙忙想方设法为自己找理由，在上司面前推卸自己的责任。当你尝到了这些甜头后，就会动不动为自己找借口推脱责任，长此以往，你就会给上司留下一个不好的印象，将会严重影响你和上司的关系，进而影响到你在职场的前程。

程军在一家大型广告公司工作。一次他需要向客

户汇报他负责的一个广告策划，过了这一关，他们公司就能获得最终的委托许可。但是当他汇报的时候，才发现一个重要的数据出了差错，程军这次想起这个数据是让同事小李帮着算的，但是他忘了重新核对一遍，这使客户很不满意。当公司老总问起缘由的时候，程军却说自己所做的一切都很认真，都没什么问题，就是小李帮他计算数据的时候太不认真，导致关键的数据出现了错误。老总当时并没说什么，只是后来有一次提拔策划部主任的机会，本来按能力是非程军莫属的，但最终却没有提拔他，程军按捺不住了，便私下找老总的秘书请教，秘书告诉他，那次他为自己推卸责任，给老总留下了很不好的印象，一个不能勇于承担责任和风险的人，又怎么能承担起一个部门的重担呢？程军听后，追悔莫及。

曾经有人对某个范围内的上司进行过这样一个调查：你理想中的下属是什么样的？结果超过80%的上司都喜欢主动承担风险和责任的下属。我们不难看到，在工作中，总是有很多的下属，把自己分内的各种困难和责任推给上司，事实上，上司眼中可容不得半点沙子，他们更喜欢能主动替自己分担风险和责任的下属。当工作中出现困难和问题时，下属要做的事，不是千方百计推脱自己的责任，把困难一股脑扔给上司，而是主动承担责任，替上司解决困难和问题，哪怕自己当时受到上司的责难，但从长期来说，上司还是喜欢那些替自己分忧的下属的。所以，不在上司面前推卸责任，其实是一种职场生存智慧，通过分担风险和解决问题，既锻炼了自己的工作能力，又能给上司留下一个好的印象。

不在上司面前推卸责任，并不意味着你能力的不足，相反，当上司了解你后，还会认为你能够忠于上司，实事求是地面对上司。任何一个人都希望自己身边的朋友或者其他人忠于自己，而上司更是希望下属都忠于自己，下属有什么情况，都能够实事求是地向自己汇报，而不是找借口推卸责任，敷衍了事，这样自己也可以及时就工作中的问题采取补救措施，以免自己的工作陷入被动。上司希望看到下属服从、诚实的态度，负责、敬业的精神和不打折扣的执行能力。

其实，每个推卸责任的借口背后都隐藏着丰富的“潜台词”，只是我们不好意思说出来，甚至不愿意说出来而已。借口让我们逃避了困难和责任，暂时逃避了惩罚，但是我们会因此付出很高代价。一个没有责任感的员工，不可能获得同事的信任和支持，更不可能获得上司的信赖和欣赏。当我们养成了推卸责任的习惯，每当我们在工作中遇到困难和挫折时，就不再是主动想办法去解决问题，而是习惯于千方百计去找借口推卸责任，这种消极心态最终让人一事无成。

我们从小习惯了这样的观念，犯了错误就应当被批评被责罚，这样使很多人对于承认错误和承担责任怀有一种惧怕，尤其是有的企业，一旦出现了差错或者事故，马上就追查到责任人进行惩罚。结果使得我们一部分人一旦犯错，便马上想到到上司面前把责任推给别人，而不是积极寻求改善和解决问题的办法。尤其当下属不敢直接面对错误和责任时，还会把上司置于一个尴尬的境地。因此，作为一个聪明的下属，在面对差错或者失误时，应该首先承认自己的错误，尽可能替上司把责任揽在自己身上，为上司分忧，这样的下属是上司非常喜欢并愿意与之相处的。

上司对于自己的下属往往都有一定的期望值，偶尔也会直接告诉下属自己对他们的期望。因此，下属应该选择合适的机会，同自己的上司进行一下探讨，了解一下上司对自己的期望值，然后自己向着这个目标努力。从某个方面来说，每个上司和自己的下属都是一个战壕里

的战友，是一种战略伙伴和合作的关系，所以你有好办法或好主意要及时跟你的上司主动交流，将你的上司变成你的合作伙伴，我们在工作上努力使业绩表现优秀，为上司增光，而不是在上司面前推卸责任，让上司憋气。当你用出色的业绩、敬业的态度来搞定上司时，那么你和上司就很容易和谐相处了。

和上司相处的过程中，进行充分沟通是非常重要的，现在职场上只会默默无闻、埋头苦干，沟通意识和交流技能都相对较差的下属，已经不再受到上司的青睐。作为下属，必须经常与上司进行有效交流与沟通，这样下属才能及时了解上司的真正需求，彼此更好地合作。如果下属不与上司进行有效交流，你就很难取得上司的支持，所以作为下属，一定要敞开心扉和上司充分交流，赢得上司对你的支持和理解。对于上司交代给你的任务，一定要遵循多汇报、多沟通的原则，遇到困难和问题及时向上司反馈，让上司了解到工作的实际情况，有效与上司沟通。

如果下属缺乏承担责任的勇气，上司就会认为你不但缺乏责任感，而且还不愿意承担责任，不值得信任。没有责任感的下属不是优秀的下属，没有哪个下属都能做到尽善尽美，每个人都有发生错误的几率，但是，一个主动承认错误和承担责任的下属至少是勇敢的。与其在上司面前推脱责任，倒不如坦率地承认自己的失职，这样反而更容易赢得上司的信任，对你在今后职场的发展更有助益。

9. 强势上司并非铁板一块

在职场中，上司的性格有多种多样，遇到强势的上司也是常有的事。强势上司往往有着共同的特征：工作能力强，管理风格严，态度较高傲，在下属的眼里看起来就是铁板一块，很多人从内心里害怕遇到这种类型的上司。但无论如何，遇到强势的上司是很难避免的事情。其实，强势上司并非刀枪不入，油盐不进，只要我们知己知彼，学会如何应对强势上司的招数，就会发现，强势上司并非铁板一块，我们也能和他们处理好关系，甚至还能赢得上司的赏识。

小齐大学毕业之后，经过一番努力终于成为一名大公司的行政职员，大家都觉得他掉进了福窝，后半辈子算是有了着落。刘主任是小齐的上司，他对小齐关怀备至，手把手教给他工作的每一步流程，小齐还暗自庆幸自己跟了个好上司。可是后来小齐就发现了，刘主任其实是个工作狂，完全不会考虑下属也有自己的私生活，也需要休息，而且平时的工作无论大事小事必须按照他教给的工作流程来做。刚到单位不久，小齐他们就接到准备资料迎接上级单位检查的任务，这是单位一把手特别强调要做好的工作。刘主任身先士卒，亲自带着小齐和小孙一起加班加点准备资料。那段时间他们时常加班到半夜，有几次刘主任因为工作太投入都忘记了吃饭，小齐肚子饿得直叫，也不好意思提，只好熬到十点结束工作，再回寝室找点东西填肚子。

不止是这样，周末小齐休息的时候，不管是不是回父母家了，还是在商场里，常常刘主任一个电话，他都要放下手头的事情，马不停蹄赶到单位加班。小齐起初并没有怨言，反而觉得这是锻炼自己的好机会，一有机会就向刘主任请教工作问题，并表达了自己对他雷厉风行的工作作风的敬佩之情。

不过时间一长，小齐发现刘主任这样的工作是常态。不管是晚上下班时间还是周末时间，刘主任都有可能一个电话召唤小齐去单位加班。刘主任说话的时

候永远让小齐觉得不容拒绝，有一次周末小齐正陪着从外地来的爷爷奶奶逛街，刘主任一个电话打来让他马上赶去单位加班，而且口气不容拒绝，小齐只好赶过去。

这样跟刘主任工作了一年多，小齐每天的神经都处在紧绷状态，有时候半夜惊醒都会看看有没有刘主任的来电显示，他常常私下里抱怨刘主任是个工作狂。不过平心而论小齐觉得跟着刘主任学到了不少东西，经过一年多的锻炼，很多事情都能独当一面了。刘主任现在已经把一些重要的事情放手让小齐自己去做，还经常在公司领导面前表扬小齐，这使小齐感到自己以前所受的委屈没有白费。

遇到强势上司，对于下属来说，可以说是喜忧参半。强势上司由于其能力突出，经验丰富和深谙职场中的方方面面，可以说是下属尤其是职场新人在职场中成长的最佳引路人。强势上司并非铁板一块，你付出的努力他都会看在眼里，记在心上，所以，在强势上司面前，要处处表现出对强势上司能力、经验、成长历程的尊敬和钦佩，明确自己希望能够得到其指点和帮助的意愿，并在合适场合主动进行沟通。只要你抱着学习的心态，并采取适当的技巧，总有一天，你不但能够使自己避免不合理的待遇，还能够进一步得到强势上司的赏识而获得强势上司的认真培养。

林峰中文系毕业后应聘去了一家报社，他的上司据说是这个报社重金聘来的人才，很有些恃才傲物的样子。不过林峰实习时就表现出了非凡的采编才能，所以他对自己写的稿件还是很有把握的。然而，林峰刚交上一篇他个人非常满意的稿子，上司就把他叫进了自己的办公室，对林峰的这篇稿子提出了很多修改意见和他自己的观点，虽然嘴上说的是要跟林峰探讨探讨，但是脸上的态度完全就是一副不可一世的样子，语气里更是完全没有商量的余地，根本就是命令林峰完全按照他的意思来修改稿子。林峰在工作上独立性很强，他并没有完全接受上司的意见，不卑不亢指出了上司所说的修改意见不合适的地方，还强压怒气就很多细节处跟上司协商。虽然最终林峰还是对稿子进行了修改，但他没有完全执行上司的意思。

在这之后，上司依然不断地寻找着林峰的麻烦，仿佛林峰是他的仇人，每篇稿子都要鸡蛋里挑骨头，不找出点毛病来就不罢休。林峰有几次忍不住，干脆就在办公室跟上司大吵起来。他俩吵架的场景被同事们当作笑谈：两个男人，一个坐在电脑前，一个站在一边，两个人用手指指着显示器，也不看对方，劈里啪啦地抢着说话，好像两个小媳妇吵架，紧紧咬住对方话里的漏洞不放松，不得出结论来不罢休。

随着吵架次数的增多，林峰对上司的印象开始有了改变。当遇到自己确实做得好的稿子，上司也会毫不吝啬地表扬自己。平时讨论稿子的时候，林峰发现上司大多时候是对稿不对人，即使林峰常常跟他吵，上司也从未在工作上打压过林峰，不是人们想象的那种小心眼。更重要的是，在两人争吵之后稿子的质量确实比以前好多了，也为了让上司赞同自己的观点，林峰在采访的时候会更加注意深度挖掘新闻。而且上司的心胸很宽广，年底报社评选优秀新闻稿的时候，上司很大方地给林峰一个参评的新闻稿写了非常诚恳的推荐。

现在林峰成了编辑，因为工作关系，他还是会隔三差五就和上司吵上一次。林峰经常拿着做好的版面怒气冲冲地从上司办公室里走出来，进行一番思考后又继续回去和上司进行讨论的现象同事们早已经见怪不怪了。

其实，很多上司的强势与否与他的责任感有很大关系。一般来说，强势的领导为了更好地工作，不会

介意下属跟他们争论，当然你的争论不能凭着感觉来，而是要有理有据，把事情说明白，上司是可能接受的。所以，和强势上司进行适当的沟通是行之有效的办公室生存之道，也是下属不断提高自己的有效途径。

一般来说，每个上司身边都不缺少阿谀奉承的人，但是强势上司更喜欢有能力的下属，更希望能培养出在职场竞争环境中有能力适应和发展的下属。所以，想要获得强势上司的认可和尊重，作为下属就必须表现出自己的能力而又不有违强势上司。

还需要注意的一点就是，强势上司交代给你的工作，一定要全力以赴，即使你感到任务超过了自己的能力，工作量大，完成任务有困难，你也不能当面提出意见，而要认真努力尝试按照上司交代的去做，当遇到困难时，你就可以真诚地向上司请教，让上司明白你是真的很想做好，很希望他给予你支持和帮助。

只要你抱着积极友好的心理，向上司表达出愿意努力和其建立良好沟通合作关系的意愿，再付出辛勤的劳动，哪怕再强势的上司也会有妥协的那一天。

10. 别和上司抢功劳

刘邦称帝后，把手下战功赫赫的韩信封为楚王。过了一段时间，刘邦接到密报，说韩信收容了项羽的旧部钟离眛，准备谋反。刘邦决定采用谋士陈平的计策，借口称自己准备去云梦泽巡游，要诸侯们一起前往陈地相会。韩信知道这事后，便杀了钟离眛来到陈地见刘邦，刘邦下令将韩信抓了起来，并将他押回了洛阳。回到洛阳后，刘邦经过调查，得知韩信并没有谋反的意思，又想起他过去立下的汗马功劳，便把他由楚王贬为了淮阴侯。韩信当时心中十分愤懑，却也无可奈何。刘邦明白韩信的心思，有一天把他召进宫中闲聊，要韩信随便评论一下朝中各个将领的才能，韩信信以为真，毫无顾忌地就实话实说了，那些人本来也都没被韩信放在眼里。刘邦听了，便笑着问他："依你的看法，我能带多少人马呢？"韩信连忙回答："陛下能带十万。"刘邦又问："那你能带多少人马呢？"韩信自负地答道："对我来说，当然是越多越好了！"刘邦笑着说："既然你带兵多多益善，那又怎么会被我逮住呢？"韩信大吃一惊，这才反应过来自己说错了话，连忙掩饰道："陛下虽然带兵不多，但是陛下有驾驭将领的能力啊！"刘邦见韩信已经被贬为淮阴侯了还这么狂妄自大，心中自然很不高兴。后来，刘邦带兵出征时，刘邦的妻子吕后设计把韩信给杀了。

韩信之所以为自己招来杀身大祸，就是因为他自己觉得功高盖主，所以说话才口无遮拦，把自己的功劳和能力说得比刘邦还要大，这才引起了刘邦的嫉恨，最终落了个悲惨的结局。

其实，在职场中也是同样的道理，上司在职场中就是你的"皇帝"，作为普通员工的你，无论你有多么优秀，无论你为公司的发展立下了多大的功劳，无论上司有多么器重你，你必须牢牢记住这一点：你，永远只是辅佐"皇帝"的"臣子"，永远不能在上司面前产生劳苦功高的优越感，更不能因此逾越员工和上司的界限，"越位"是职场中的大忌，会因此而引起上司对你的不满，甚至会因此葬送你在职场中的前途。

吴允强大学毕业后就进入了一家广告公司，这家公司正值创业初期，他一直兢兢业业工作，不仅为自己的上司出谋划策，还在人手最紧张的时候身兼多职，付出了很多心血。在那段时间里，吴允强不

停地和客户沟通，更改方案，几乎每天都有十几个小时是在公司度过的，即使回家躺在床上了，满脑子也还是方案的事情。吴允强的表现被上司看到眼里，开始让他独立承担项目。

在对方客户最终确认吴允强的方案后，吴允强按照工作流程把策划书交给了公司的上司。随后，上司不断找吴允强了解方案的具体情况，吴允强就把方案的细节从头到尾、原原本本地告诉了上司。但让他没想到的是，上司告诉他说这个客户比较重要，公司想重点维护关系，由于他的方案很多细节都要更改，所以这个工作转给上司自己负责了，让吴允强重新弄另一个方案。开始吴允强完全相信了，但是在几天之后的公司例会上，公司领导狠狠表扬了上司一番，说是他为公司拉到了一个很重要的项目，而且客户很满意方案的每个细节。而吴允强发现，上司在陈述这个方案时，根本就没有做任何的改动，完全是吴允强设计出来的版本，但是上司却丝毫没有提到吴允强之前所做的努力，上司把吴允强的功劳完全据为已有了，并因此拿到了大笔的奖金。对吴允强连半句感谢的话都没说，只是请部门的员工吃了一顿饭。

看着上司若无其事的样子，吴允强非常郁闷。凭什么他做的努力到最后成为了上司自己的业绩？吴允强忍不住了，他到处和同事诉说这件事情，让大家都知道事情的真相，还跑到公司领导那里，述说事情的真相。但是事情的结局让吴允强更是意外，公司领导不但没有同情他的遭遇，而且斥责他不该越位，更不该和上司抢功劳。而上司知道这件事情之后，对吴允强也没有了好脸色。遇到好的项目，上司都给了别人，几乎把吴允强给晾了起来。在这种情况下，吴允强再也在公司待不下去了，只好辞职另谋高就。

在职场中，无论什么原因，从职业发展的角度来说，和上司抢功劳都不是一种明智的选择。因为无论哪种方式，功劳被抢走已经是事实，撕破脸面闹得沸沸扬扬都是双败的局面。遇到这种情况，作为员工，不妨先忍耐一下，以后遇到此事及早提防。如果像吴允强这样愤而离职另谋高就，上司很有可能在他人面前给你贴上能力不足的标签，影响你以后的职业生涯。

当然也不要奢望上司会自己觉悟，如果你一直没有原则，上司就会一直骑在你头上。所以，与上司交谈的时候，不回避问题，约法三章，该怎么分工事先就说好，不要等邀功请赏的时候，上司又有理由将功劳抢了去。

尽管上司将你的业绩据为己有可能是事实，但是你也要记住，别和上司抢功劳。不要因此而妄自菲薄你的上司，别随便指责上司的不是，说一些蔑视上司甚至诋毁上司的话。因为，就算你的上司真的在某些方面不如你，或者出现错误，你必须要懂得，你的上司对你的前途握有生杀大权，为了一时的口舌之快或者争强好胜而得罪上司，对你不会有哪怕丁点的好处。

退一步说，上司既然能够做到管理层，靠的也许不只是业务方面的特长，亲和力、执行力、做事经验、管理才能等等都是上司能够升职的原因之一。如果你的确在某些方面有过人之处，甚至盖过了上司的风头，那么你也要适当收敛或者隐藏，你要尊重上司，迎合上司，千万不要做越级申诉之类的蠢事。你要做的是给自己耐心，在忍耐中积累自己的力量，不要急功近利，急于求成，生怕上司看不到自己的功劳，待到你厚积薄发、水到渠成之时，你的功劳自然就会被他人发现的。是金子，总有闪光的那一天。

倘若你真的遇到一位能力不怎么样，却处心积虑要把你的功劳占为己有的上司，别急着和上司抢功劳，也别把精力耗费在抱怨上司素质低下、喟叹自己

时运不济上，以防“枪打出头鸟”，使你失去了发展自我的机会。你可以抓住机会，好好做好手头的工作。实在对上司有意见，可以私下找上司说出你的想法。因为上司有可能看不到你的努力，只有和上司搞好关系，适当地让些功劳给上司，上司才会对你有好感，才有可能在适当地机会在上司面前替你说几句好话。

在工作中你的上司是不是不如你？他是不是经常把你的功劳据为己有？记住一句话，为人低调点，别和上司抢功劳。

第四章：透视（下属）对手，让你仕途一帆风顺

1. 升职不升官架子

众所周知，职场是个充满激烈竞争的微缩“小社会”，肯定会有优胜劣汰的游戏规则，成功者光荣胜出，升职加薪，得到应有的奖励。但如果某人从升职那天起就将一顶漂亮辉煌的帽子戴在自己头上，并且无时无刻不忘炫耀：“看，我事业多成功，已经成为你们的上司了！你们这些笨蛋还不快乖乖俯首称臣?”那么，原本与你平起平坐、不相上下的同事心里会不会也有点“酸溜溜”?

若新官上任不懂收敛自大张狂，倒应了古代形容“小人”的一句话：一朝得志，语无伦次。久而久之，你傲慢的姿态和嘴脸已经对下属构成一种强烈的刺激和威胁，即使你的洋洋自得不过是虚荣心发作，控制不住自己的自大情绪膨胀，却对从前团结和睦的同事造成了无形的伤害，若放任自流，继续摆足“官架子”，到了“失道寡助”的那一天，后悔已然晚矣！

陈骏是一家大型企业刚上任的销售主管，这个月业绩突出，他手下的业务员签回的订单也比同级部门多得多，甚至刷新了公司以往的业务记录，按照公司

的管理制度，陈骏将按照业绩得到不菲提成，奖金数目相当可观。老板很高兴自己慧眼识珠，一手大力提拔起陈骏这样优秀的人才，为了激励公司其他员工，决定安排陈骏在公司年会上向所有同事作一次演讲。

陈骏在演讲中很激动地说道："我之所以能获得今天这么大的成绩，全赖我一心扑在工作上，为了等客户一个电话，可以在公司饿着肚子等到夜里十一点！我们部门能拿下'年度最佳销售冠军奖'，是因为我在调配人手方面知人善用，有着自己独特的管理技巧。而我的果断，也成功中止了一笔原本可能令公司蒙受巨大损失的订单陷阱，等于保护了公司利益不受侵害……"

坐在台下的陈骏下属们，原本一直伸长耳朵聆听新主管会感谢大家的努力和支持，但一直到半小时演讲结束，陈骏都在表彰自己的工作效率、科学管理和勤奋拼搏，丝毫没顾忌下属的感受，而他还当着公司所有人的面批评了差点栽在"陷阱订单"中的下属李渊，使得和他一起进入公司的李渊浑身不自在，脸上红一阵白一阵，觉得再也没脸在公司待下去了，不久后就递交了辞呈。

而陈骏的其他下属在年会上纷纷开玩笑，嚷着要让他"出出血"，请大家好好撮一顿，庆祝他刚当主管就取得骄人成绩，陈骏却摆出了十足官架子，有意和大家保持距离地皱着眉头说："我拿奖金，你们眼红什么？还不把自己的事做好，小心工作中出了错老板炒你鱿鱼！"陈骏下属只好怏怏散开，不敢再纠缠板着脸冷若冰霜的上司请客。

第二个月，陈骏拿出了更严格的管理细则和更为拼搏的精神，但让他大跌眼镜的是，他这个月非但没有"破纪录"，甚至还因没有好好完成销售任务而被老板扣发奖金，心急如焚的陈骏想找下属了解情况，可他却发现下属不是上班时闷闷不乐无精打采，就是在他面前阳奉阴违，一转脸依旧我行我素地懒散怠工，还有几个本部门的业务员精英寻思着跳往公司其他部门，他们私下议论："陈骏升职后一派"老爷"派头，所有的成绩都归于他，所有的过错都是下属背黑锅，跟着这样的上司和慢性自杀又有什么区别?"

一个不分地点场合，随时摆"官架子"的上司，不但得不到下属的支持和力挺，甚至还会丧失大家对他的信任和尊重，下属也不愿真正服从这个"架子大于本事"的领导命令，而采取左耳进右耳出的怠工态度，长此以往，由这种"官架十足"的上司带领的队伍，别说冲锋陷阵了，可能还没到"战场"，队员已经偷偷反戈相向、掉转枪头了。

洪秀全是中国近代史上赫赫有名的起义领袖，他所创建的"太平天国"胆敢对清政府揭竿起义，开展武装斗争，不怕强权统治，倡导平等思想，最初集合了天下为数众多的热血男儿和有志之士，大家都甘心情愿跟在洪秀全"天王"后面，哪管流血牺牲，一心一意为推翻腐朽的清政府而努力！太平天国运动被后世子孙称为几千年来中国农民战争的最高峰，与洪秀全的巨大贡献是分不开的，乃至中国民主革命先驱孙中山愿作洪秀全第二，可见其对后世的深远影响。但太平天国起义最终失败，归其原因，竟也和洪秀全"一朝得志，架子摆起"有莫大的关系。当年洪秀全定都"天京"后，俨然已是"真命天子"，自以为做到了人间最大的官，而从前跟他一起出生入死肝胆相照的好兄弟，却成为泾渭鲜明的"部下"，若是敢对洪秀全的主张提出一点点意见，他都以为部下是在挑战"领导权威"，动摇他的王者根基，于是，即使石达开是太平天国最优秀得力的统帅，也最终受不了上司猜忌，在洪秀全的刻意挟制和排挤下愤而出走。失去石达开这个有力臂膀，也成为太平天国迅速灭亡的重要原因。

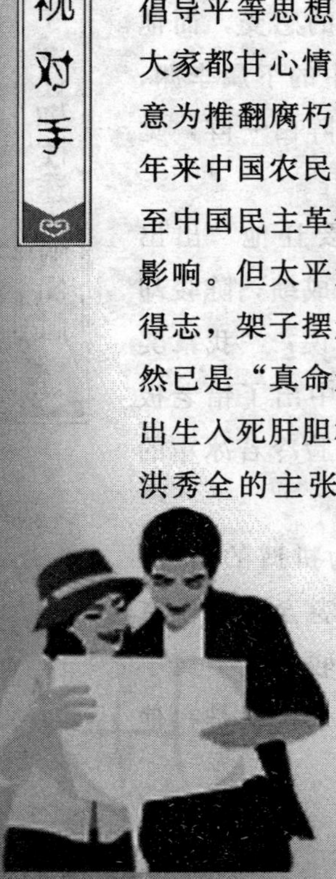

现代职场上不乏像洪秀全这样有野心和抱负的“斗士”，但能带领大军轰轰烈烈反抗清朝政府的洪秀全尚且落得失败下场，职场精英们在接到升职调令时，更应以史为鉴，切莫猴急摆出“官老爷嘴脸”，不但独占本部门功劳，让自己在更大的领导面前表演“一枝独秀”，而且为了显示“管理层”的聪明才智，对于下属的意见采取居高临下的武断态度，沾沾自喜地将“官高一级压死人”当人生座右铭，殊不知自以为是、不屑把下属当竞争对手的上司，“官寿”都不会太久长。

善摆架子的上司，将会像起义一度成功、定都称王的洪秀全那样，身边真正的忠臣能人不忍上司“脾气大涨”而自动走人，留下的是一帮只会见缝插针阿谀奉承的小人，遇到情势不对，他们绝对是第一个出卖自己的尤大——反正一个官架十足的上司，不会得到下属真心的崇拜和爱护。

有的年轻人刚入职场的时候性格温和、腿勤手快，在同事中间口碑极好，也靠着艰苦朴素、踏实肯干的作风得到了领导和同事的信任和支持，从而被幸运提拔升职。但是“升官”以后就变味，架子大了，嗓门粗了，为一点小事绷着脸将下属骂得狗血淋头，开会时屡屡“抢镜”，生怕别人看不到他的功劳，恨不能前呼后拥，官气十足。

如果刚升职就升了一身“官脾气”，对于职场发展来说是有百弊而无一利的，这高高的架子，如同一座厚砖砌成的高墙，隔绝了你和下属的心，住在高墙中的领导，又如何能聆听下属真正的心声呢？而不与下属沟通，无法得到他们十足的尊重和支持，无形之中已经降低了工作的效率和水平，当下属纷纷离心离德欲求“明主投靠”时，你还美美地待在高墙里做你飞黄腾达的白日梦呢。只等高墙垮塌的那一天，当以往所有的成绩和功勋都灰飞烟灭时，自己用“官架子”

构建的“高处不胜寒”假相的领导，才会后悔莫及，只因过去自己只讲“架子”这肤浅而表皮的东西，却忽略了作为一个好的管理者，他的“官威”并不是靠“架子”撑起，而是靠“里子”来体现。

2. 小上司也能征服大下属

全球第一大的广告公司“奥美广告”一直以来都保持了一个很特别的激励传统：每当该公司提升一名管理人员到某地区去当经理时，就会送给他（她）一个俄罗斯套娃作为礼物。以提示这位新任经理：创建一个新公司时，要聘用比自己更有能力的人去做部门主管，因为公司经理的自信、包容会让团队更具竞争力，使企业经营实现高效扩张，品牌聚合力越来越大；反之，如果从公司经理开始，层层任用的都是不如自己的人去工作，在一个不自信、不包容的团队里，很难创造出和谐的氛围和良好的成长绩效，公司将在残酷的市场竞争中失去持续发展的原动力。其实上司与下属的关系，正如“套娃”，大娃套着中娃，中娃套着小娃，小娃套着小小娃，但从外面看，它们始终是一个娃，正因为奥美所坚持的“善于挖掘和管理比你能力更强的下属”，才使得公司业务蒸蒸日上，发展如此迅猛。

《三国》中的刘备，除了会点“编草鞋”的副业，好像就没啥特别才能了，你说武功吧，他和结拜兄弟张飞、关羽那是没法比的，单单一个赵云要点拳脚功夫也能将刘备比下去。可一帮武将忠心耿耿围在刘备身边，任劳任怨听候差遣。论智商吧，刘备敢和“古代第一军师”诸葛亮相提并论吗？但如此足智多谋的诸葛亮，也甘心为刘备殚精竭虑，即使刘备死在诸葛亮前头，由他不成器的儿子继位，诸葛亮

还是忍着气得要吐血的坏情绪，来死守刘备打下的江山。作为一个文才武才都不算拔尖的“草鞋刘”，刘备能使得“天下归心”，靠的是什么呢？就靠他是一名出色的管理者，在面对比自己能力强大数倍的下属时，他的虚怀若谷、礼贤下士、以德服人，让优秀下属甘愿围聚在刘备身边，即使面对再多的诱惑与逼迫，依旧尽心尽力为他办事。刘备不愧为古代出色的CEO，凭借“人性化管理”，使得麾下人才如云，忠勇尽职。

大家一定听过这样一句话：有人的地方就有江湖，有江湖的地方就有派系，有派系的地方就有上司和下属。上司和下属之间的关系可以粗浅分为以下几种：其一，上司能力高超，年资久长，那应该是最理想化的姿态，因为这样老当益壮又经验丰富的上司在那里一坐镇，下属都会乖乖听命，唯马首是瞻；其二，上司能力平平，下属才能出众，要当好一帮聪明人的家，能力稍“小”的上司工作重心不在于如何让自己的专业能力超过下属，而是善用管理技巧，使得下属归心，服服帖帖接受“小上司”；其三，上司年纪轻轻，可谓是职场中杀出的一匹黑马，涉世未深已经成为“大下属”的头儿，如何让年长于你的下属接受一个“乳臭未干的上司调令”，能办好可算得上一门技术活。

周到虽然是新闻学博士毕业，又有过在新闻行业实习的经验，但当他真正接受外企媒介经理的工作，才了解什么叫“一入职场深如海”，开始在同学和朋友面前后悔连连，说自己当初不该自信满满，以为读了二十多年书，早已“学富五车”，带领几个学历和能力平平的下属还不是小菜一碟？哪里知道这几个70后下属根本不把80后的周到放在眼里，仗着自己资格老，交到手头的任务不但做得拖拖拉拉，再三拖延后交上来的“作业”质量也不过关，周到没办法，只好逼自己开夜车补救，熬了几个通宵才帮手下完成了工作，才免去自己顶头上司一顿臭骂。但长此以往身体也受不了啊，而且一想到手底下没个省心的兵，别的部门下属都在乖乖听话任由上司差遣，只有周到的兵带得这么差，就算他能干，能靠着加班一人顶几人工作，但心里的委屈和怒火还是快将他烧灼了！

周到的朋友梁路恰巧也是空降到一家食品公司的80后，看人家当主管当得气定神闲的，周到十分羡慕，拉着梁路希望他能指点迷津。梁路眯着眼，不慌不忙问周到："那你平时都怎么跟下属交代任务的呢？"周到小声回答："我一般都问，你现在有空吗？可不可以帮我做一份计划书？"梁路不置可否地哦了一声："那如果下属油滑狡诈地拒绝，说自己刚好没空呢？"周到的脸都憋红了，好像真回到了这尴尬的时刻，他蚊子般哼哼地说："那我就只好说，现在没空没关系啊，后天早上之前能不能做好放在我桌子上呢？"梁路差点乐喷了，忍着哈哈大笑，做出一副严肃面孔："那假如你的下属带着情绪哼哼哈哈马马虎虎整了一份计划书出来，却做得很糟糕，糟糕到简直不能见人，你会不会拉下脸来严厉批评他们呢？"周到连忙摆手，急得都快结巴了："不不……不会啊，我只会好言好语跟他们讨论，很委婉地指出他们哪里没做好，并希望下属下次能改进，毕竟他们在公司的时间比我长得多，年龄又比我大，怎么也算'长辈'吧，我还要哄着他们干活儿，怎么能唬着脸严厉批评人家呢？"梁路哈了一声，清脆地拍了一下巴掌，因为他已找到周到这个小上司不能服众的原因了。

换了是梁路，如果他需要下属配合完成一个目标，一定不会在布置工作时扭扭捏捏，做出诚惶诚恐的"小弟"样。他会十分明确地提出要求和期望值，才不会用到"帮忙"这等暧昧词，而是直截了当吩咐下属"你来负责这件事吧"，至于上交计划书的期限，他也不会随意

改变拖延，而是严肃吩咐："后天早上把计划书打印装订好，放在我办公桌上，有问题吗?"

其实，职场中像周到这种不懂管理的"小上司"比比皆是，如何"搞定"大下属，从"懦弱的周到"进化成"铁腕的梁路"，是他们管理大下属的不二法门。若他们对大下属一开口就是"您"，闭口就是"请"，"拜托、麻烦、抱歉、能不能"这类用语永不离口，求着下属干活，哄着下属干活，实在不行自己全部包揽，事无巨细亲历亲为，甚至变成帮下属干活的奴仆，他们将永远不能变成一个真正合格高效的管理者，而那些碰了钉子便一味逃避，故意和下属保持距离的"小上司"，也非上策，要征服大下属，首先需要"细分大下属"。

大下属可细分不同类型，不同的"大下属"需要给出不同妙招、区别对待。一类是年长资深的元老级员工，无欲无求只想混个光荣退休。对这类大下属别给太多压力，客客气气有商有量就好。另一类是比上司年龄大几岁但未能升职的老员工，对这类员工要格外上心，既要抚慰情绪，又要调动积极性，犯了错也不能姑息。还有一类是刚毕业的硕士甚至博士，碰上了比自己早工作几年、本科毕业的小上司，难免恃才自傲心理失衡，动不动就拿学历说事，对这类大下属必须恩威并施，在适当的时候上司需要"露一手"绝活，既要让骄傲自满的下属乖乖配合你，也要让他服气你。

大下属敢叫板，往往是瞅准了小上司的软肋——缺乏管理经验、脸皮薄等。对这种人不能太纵容，你越讨好他，他越刁难你。在高处不胜寒的职场，小上司能否搞定大下属，往往是决定成败的关键。

一个优秀的管理者，对下属首先是要用，给他挑战性的工作，千方百计地调动他的积极性，让他出色地完成工作，让他的潜能得到最大发挥，让他的才华得以施展，给他以舞台和满足感。其次是要管，能人毛病多，恃才傲物，有时甚至爱自作主张，因此必须要管，要有制度约束，要多与之进行思想沟通交流，力争达成共识和共鸣。沟通的目的在于相互了解，防止因互不了解而产生误会和用人失当，出现麻烦和损失。第三是要养。能人往往容易招致组织成员的嫉妒，而且能人自身往往把握不住自己的表现欲，过分张扬，这就更容易引起别人的反感，因此能人很容易成为组织成员中的众矢之的，如果领导一味偏爱，领导自己也可能受到攻击和孤立；但如果领导顺应组织中其他成员的心理需求，对能人给予打击排斥，能人很可能离开组织或使组织效益受损。妥善的解决办法就是领导要采用养的办法，要引导能人少说多做，除有成绩外，还要艺术性地帮他改正缺点，这样一来，再引导能人和组织成员融合的同时，自然就能养住能人，而且还能涌现出更多的能人。

3. 别赢了下属输了上司

人往高处走，水往低处流，试问哪一个中层管理者不想“百尺竿头更进一步”，向更高管理层进发呢？我们经常看到某些公司中层和下属关系铁硬，能赢得手下的尊重和爱戴，人脉广泛人缘奇好，不管谁从公司辞职离开，第一个都是想找到他告别，辞职的下属还会因为“离开这么好的上司”感到万分无奈，老板需要了解关于员工的情况和建议时，第一个想到的也是他。但具有讽刺的是，能赢得下属的心，不一定能入公司高层的法眼，大 BOSS 轻描淡写一句“NO”，有时会让“好中层”的孜孜努力付诸东流，升职无望，进步有限，前途一片黯然。

毕业于名校的秦凯有着金光闪闪的心理学硕士学

位，且为人和善可亲，已经在公司当了三年的华南区域人力资源经理，业绩向来骄人出色，不管是招聘面试还是维护员工关系，不管是协调薪资还是制订培训方案，即使其他 HR 都头疼惧怕的劳动纠纷与争议问题，到了秦凯这里也并非“不可能的任务”，他兢兢业业工作这三年，完成每年的各项人力资源指标不说，对各分公司的管理和员工离职率也一直是所有区域里最好的。每年到了绩效评估的时候，销售总监毫不吝啬给他最高分、丰厚奖金，工资涨幅也是高的。

但秦凯并不仅仅满足于薪水涨幅，他认为自己还能胜任更高职位，在更广阔的空间有一番作为，于是，当公司人力资源高级经理辞职出国，这一岗位有所空缺时，秦凯自信满满地敲开了总监办公室的门，决定毛遂自荐。

秦凯原以为凭借自己和下属的良好关系、不错的业务成绩、日积月累的工作经验，怎么也能升职成功，没想到总监竟搓搓手跟他说：“秦凯，并不是你不优秀，而是我还没有完全的把握要给你这个晋升……咱们再看看吧。”

走出总监办公室，聚拢在外的同事已经性急地开启了香槟，争着给秦凯第一声祝福，却见他哭丧着脸失魂落魄的样子。他也很委屈啊，刚刚总监竟然告诉他，不错，几乎公司所有的员工都认为秦凯很出色，但是却只有极少数的一些高层领导觉得他能承担更大的责任，让他还需要更多时间和耐心，在经理级领导面前证明自己优秀的个人价值，赢得领导们的赞成票。秦凯不禁陷入苦恼的思考：难道自己只是下属心目中的好上司？这些大 BOSS 心里到底在想些什么？

不能怪秦凯，事实上这种情况在现在的企业中并不少见，有很多中层左右的管理人员在工作中会面临的瓶颈问题就是：工作业绩大家都认可，老板却不会给予晋升的机会去让他做更大的事情。

赵丽和方蓉蓉是同期毕业的校友，又很幸运地留在一家前景良好的外企打拼，赵丽一开始就分派在传讯部，而方蓉蓉去当了老总助理，两年过去了，赵丽和方蓉蓉两人的勤恳工作在公司都是有目共睹，面前也出现了一个极好的晋升机会——传讯部副主管一职空缺，公司所有员工都可竞争上岗。赵丽原以为这是囊中探物十拿九稳的事，她不仅是传讯部的老臣子，而且和同事关系向来不错，他们都表示支持赵丽。但最后结果公布，却是方蓉蓉“笑到最后”，赵丽不甘心被一个学历能力相差无几、但没有传讯部工作经验的同事打败，气愤地发邮件给领导，要求给个公平的说法，负责这次选拔的老总竟然很惊奇：“赵丽工作表现很出色么？但我并不是很了解她啊，平时在公司例会上她也不怎么主动开口说话，相反方蓉蓉脑子很活，主意很多，又有一份坚忍的毅力，我相信她能很快熟悉传讯部的工作，当好副主管。”

赵丽之所以输给方蓉蓉，并不是技不如人，甚至说起“群众基础”，一直在底层工作的赵丽恐怕比方蓉蓉人缘还要好，但她输在“上司根本不了解其工作能力”上面，她连上司的认可都做不到，还怎么谈把事情做得更好更高效？

职场到底该升谁？网站曾做过这样一个有趣的抽样调查，发现近一半的白领都不约而同选择了“太子党”和“太监党”。简单来说，“太子党”就是老板的亲戚、朋友、同学、某种利益的联盟；“太监党”是和老板走得很近的人，比如秘书、助理、副手等等。虽然这种看法有点偏激，但也能找到某些才能高超却迟迟不能升更高职位的中层软肋——他们不被领导所“认识”，又何谈“看重”呢？

中层如果花太多时间和精力去了解关心员工，势必会削弱对高层领导这边的沟通交流，但作为一个优

秀的高层管理者，不仅要求他能“点对点”地为下属排忧解难，更需要他在主动与高层汇报工作、充分交流后，站在一个全局的位置，解决公司层面的大问题，而非在高层因为某件具体的事找到他时，他才“尽职尽责”地给出反馈与帮助，要知道，高层心目中的“升职不二人选”，都是有“先天下之忧而忧”的“意识超前人才”，即使在风平浪静的平时，他们也能找大 BOSS 良性互动，给出公司中肯的发展建议和改善方案。

有的中层管理人员认为自己只要成为好下属，便可赢得上司的心，这种想法纯属一厢情愿。成为好下属意味着你能完成公司的任务，达成指标，也就是你做好了你该做的；而赢得上司的心，意味着除了做好该做的，你还能做好你的上司和公司想做的，帮助上司和公司取得更大的业绩，这样，当你需要向上攀登或是获得更多机会时，你的上司才能够帮助你。

林涛是一个很成功的经理人，讲到老板在他担任经理助理的第一天对他说的话：“你的工作在第一年里 70％是事务性工作，是为了保证不出错，还有 30％是和内部外部客户做沟通，看看怎么能够做得更好，0％是与战略有关的工作，因为你没办法做改变。但是，我希望你一年后的工作有 60％是事务性工作，30％～35％是内外沟通的工作，还有 5％～10％是在了解公司策略的基础上，看看我们部门能做什么流程或是策略的改变。”

于是，林涛在第一年里花了时间去和老板沟通，了解策略怎么变成流程，流程如何才有可能改善；第二年他的一些想法和建议就开始得到老板的认同和实施；第三年他的工作就有了变化，开始帮助老板做更多的非事务性工作；第三年底，林涛开始担任主管了。

如果你想要得到提升，就必须了解上司对你的期望和看法，主动征求上司的建议。有时候处理事情主动和上司探讨解决方案，说明你认可上司存在的价值，当上司知道他在你心里很重要，自然会提高你在他心里的地位。这就是“水涨船高”的道理。

如果每周、每月你肯花一部分时间来和上司沟通，了解他的想法和观念，了解他想要做什么，那么你的工作就会不仅仅在事务性和执行层面上，而是跟着上司的步伐不断前进。

如果每天埋头做事，不去看清楚公司的目标和策略，即便遇到了伯乐，也不一定能看得清楚你的脸，因为你一直低着头没有看前面！很多赢得民心的中层管理者，没有得到进一步提升的另一关键因素是：没有了解公司对更高层管理人员的要求。他们自以为自己业绩很好，就应该得到晋升。但现实中高层需要的是，中层不但要证明现在的绩效很好，还要证明自己达到了更高层级管理人员的要求。实际上，很多和下属打成一片的中层管理者，他和下属的良好关系只不过保证了今天的工作能顺利圆满完成，而需要向更高职位进发时，他需要公司的大 BOSS 深刻了解他的“个人价值”，从而被顺利列入公司的“高层管理人员人才储备库”，将来在职场才能获得更好成绩，博得更高位置！

4. 多拍下属的马屁

从念幼儿园的小朋友渴望得到老师的小红花，到职场中奋发图强的成年人，大家内心其实都有一个类似的情感需求吧：希望能得到来自上司的肯定与嘉许。然而，因为上司“居高临下”的位置，很容易就发现了下属在工作中暴露出来的缺点和不足，有不少上司便抱着“你的优点不讲也跑不掉，但缺点不讲就不得了”的心理，动

辄板起面孔大呼小叫，使上下级的沟通变成了“挑刺怒骂会”，而忽略了适当给下属一朵“小红花”，拍拍他们马屁，说不定反而会调动下属的工作积极性，使之情绪饱满地投入事业。

不管上司是多么英明神武才能出众的人物，也不能保证自己做事百分百比下属高明，有调查显示：大部分人（89%）比较在意企业同事间的工作关系，特别是上下级工作关系是否融洽，被认为“是工作环境好坏的重要构成因素”，有时候它比物质条件更为重要。所以当领导肯承认“金无足赤，人无完人”，并在适当的时候给予下属以“马屁表扬”，不但能使上下级关系变得融洽，而且还能最大程度释放出下属的主观能动性。

姚年和陈涛都是分公司经理，总公司为激励员工士气，决定让分公司经理开展一场“年度业绩大比拼”，胜出的分公司将在下一年度获得总公司更多优惠条件。陈涛领命后连忙召开会议，给手下每个人都分配了任务，并制定了严格的考核制度，如果谁限期达不成要求，将受到重重地惩罚。而姚年却表现得气定神闲，非但没有在下属面前大呼小叫，下属取得一点点业绩，他还不忘“屈尊降贵”地满面笑容拍拍下属马屁：“真的很了不起呢，多亏大家努力，在这么短的时间，我们分公司业绩都有了显著提升，看得出来大家都是潜力无限啊！”要换了陈涛，恐怕早就跳脚啦：“有没有搞错啊，时间都过去一半了，你们才做出这么一点点成绩，一个个就知道偷懒，没有中用的！”

陈涛听人说了姚年这么“没原则”，堂堂经理还怕下属，动不动就哄他们开心，从牙缝挤出一丝冷笑：“哼，我原以为姚年能拿出什么杀手锏跟我竞争呢，没想到这么不济，还低三下四讨下属欢心，丢了领导面子！”而姚年的下属呢，他们看到上半年分公司连平均业绩值都没达到，经理非但没责备他们，反而还从小事中找到他们的闪光点，不遗余力地表扬赞美，他们开始变得更有信心了，也渐渐相信姚年说的“潜力无限”这种事会真的出现，于是更加投入且卖力地工作，更重要的是，愉悦地工作，拼命追赶前面落下的业务成绩。到了年底，两家分公司一比较，奇迹出现了，精神高度紧张、一年来没好好放松自己、暴躁度增加了好几个百分比的陈涛分公司业绩竟与姚年分公司持平！而总公司最终将桂冠授给了姚年分公司，因为他们看到姚年的下属精神百倍，个个脸上都洋溢着自信且满足的微笑，有这样良好的工作环境与稳定的工作情绪，何愁他们不会努力为公司创造更大的业绩呢？而陈涛公司的员工竟愁眉紧锁，一副焦躁不安的样子，就算在经理的高压政策下勉强完成了任务，但他们工作得不开心，已经从侧面削减了工作的主观能动性。

事实上，职场中的不快多来自上下间的误会及由此导致的不和谐。上下既有级别之分，自然就有位势落差，明显的落差非常容易造成沟通的障碍。上级因为相对权力较大、威望较高、视野较广等因素，而拥有更大的沟通主动权，下属由于相反的原因在沟通上较为被动。此时，上级若不主动鼓励下属，甚而经常板起面孔，出言凌厉，势必造成紧张氛围。双方沟通渠道因此会“带宽”变窄，晦涩不畅。同时下属在心理上会产生畏惧、厌恶情绪，下意识尽量躲避接触。作为条件反射，上级会加重误会，愠意渐生，这时，双方的智商水平会明显下降，这对从事创造性工作的下属来说伤害尤重。因此，若上下级沟通出了问题，我们可以肯定其责任主要出在上级身上。退一步讲，既然自己管理范围的目标要仰仗下属去达成，没有理由让他们在沮丧的心情中开始下一次努力。仅从功利角度来看，学会鼓励下属也是做好管理者的基本技能。

作为领导，居高临下固然容易看出下属未必自知的不足，也能够观察到下属有待发挥的长处。适时的肯定与嘉许会使其增强自信，使潜能得到发展并彰显。领导者常可以教人以经验，但多不能移人之性情，与其反复指责其不足，不如调整工作使其所长能有所用。此道理甚易，难在前者实施容易，后者实施艰难。但面对一再的错误，管理者就应该考虑两者的区别了，用其所长就是最重要的激励。对下属嘉许并不总是一种管理手段，事实上，没人敢保证自己百分百比下属高明，一个对下属不能从内心欣赏的上级，要么用错了人，要么是自己缺乏让人追随的领袖风范。无论哪一种情况都会影响工作的效果和乐趣。

一般来说，领导者阅历比年轻下属丰富，而年轻人具有现代意识，与领导者的价值评判标准也不同，这就使得领导者对年轻下属的许多“行为”和“思想”看不惯、不欣赏，更休提“放低姿态”拍下属的马屁了。有些领导当年轻下属表现好时，熟视无睹，根本不会表扬半句，而当年轻下属在工作中出现差错时，就予以粗暴武断地批评。这却忽视了年轻下属的成就心理需要，他们刚踏上社会不久，都希望自己不仅能在学校里取得好成绩，而且也能够胜任社会工作，他们很需要自己的工作得到领导某种方式的认可，如果领导不能满足他的这一需求，就会使其工作的积极性降低，工作效率不高，自信心不足，这当然不是任何一位领导者所希望的。所以，领导者不仅要心甘情愿拍下属马屁，而且还要“会拍”，别做一些“拍到马蹄子上”的乌龙事，要知道“拍下属马屁”也是一个成功的管理者的必修课啊，大家要注意以下几点：

拍马屁，场合很重要。

一个有效的办法是，领导者可以在与其他人交谈时，不经意地赞扬自己的下属。当下属从别人那里听到了上级对他的“马屁”，会感到更加真诚和可信，进而更能激发出自己的工作热情。

拍马屁，要实事求是。

领导在拍下属马屁时，应发自内心，不要为了“拍”而“拍”。如果下属感觉到领导者是在故意夸大，就会认为领导者是虚伪的，有可能会产生逆反心理，容易让下属感到与领导之间的距离，从而形成不信任感。

在实际工作中，领导者在拍下属马屁时，语言要具备应有的热度，不适当地拔高了下属的成就，人为地加上成就本身不具有的价值、意义，甚至流于俗气地夸捧，那么也会产生不良影响。

“拍”的是结果，不是过程。

领导者要赞扬的是下属的工作结果，而不是工作过程。当一件工作彻底完成之后，领导者可以对这件工作的完成情况进行赞扬。但是，如果一件工作还没有完成，仅仅是你对下属的工作态度或工作方式感到满意，就进行赞扬，可能不会收到很好的效果。相反，这种基于工作过程的赞扬，还会增加下属的压力，进而还会对领导者的赞扬产生某种条件反射式的反感。果真如此，领导者的赞扬也就成了弄巧成拙。

5. 对下属激励胜于批评

美国 20 世纪 30 年代的总统克里吉有一位女秘书，工作其他方面都很有才能和激情，唯独不擅长整理文件，有时还会把总统文件放乱，找起来十分麻烦。一次克里吉有事找她拿重要文件，她却胡乱翻找了很久也没头绪，克里吉只好站在一边等她，浪费了宝贵的时间。如果

换另外一个上司，可能会黑着脸批评秘书工作效率低下了。克里吉却微笑着对她说："爱丽丝，你对着装的品位很高，尤其今天穿的长裙真漂亮……如果能够再多花点心思整理文件，我就轻松多了！"因为是称赞之后拜托的"工作改进"之事，秘书非但没有丝毫不愉快的逆反心理，还很受用地将总统的吩咐谨记在心。过了一段时间，秘书乱放文件的坏习惯改正了一点点，但还远远没达到总统的要求，这时克里吉却不忘对努力改进过程中的秘书打打气："能有你这样品位高、能力强又很有进步精神的秘书帮忙，我实在很骄傲！"这话让爱丽丝更加坚定了改正错误的决心，工作热情提高了，做事比平日更加仔细。

在心理学范畴中，有一个名词叫"黑暗效应"。何谓"黑暗效应"呢？原来人们在光线比较暗的场所，彼此看不清反而会减少戒备心而产生安全感，也就是说，在比较暗的场所，人们产生的亲近感远远高于灯火通明的场所。这也就解释了情侣为什么钟情于黑灯瞎火的地方约会。把"黑暗效应"放到职场，其实会发现"黑暗效应"不黑暗，反而能照亮人心。这是因为黑暗效应是一种反其道而行之的心理现象，打破固有的思维模式，为自己开拓出一条新的道路。我们可以这样设想：一个业务员在客户上班的时候就冲到客户面前开始介绍自己的产品，谁都会觉得他是来骗自己口袋里的钱的，对他的推销感到反感甚至毫不留情地赶走他。但如果换种方式，业务员在下班的时候约客户吃个饭，在休息时间里以一种娱乐的态度"顺便"谈谈自己的产品，说不定生意反而做成了。所以当正路走不通时，"黑暗效应"的反其道而行，可能会带你到达目的地。

在职场，上司偶尔用一用"黑暗效应"，必然会让下属们受宠若惊，取得非凡效果。尤其是当下属犯错的时候，本来已经做好了面对疾风暴雨般批评的准备，这时候你偏偏不按套路出牌，化批评为激励，下属能不对你感恩戴德和效忠于你吗？

米云虽然上大学时学的专业是金融，但她很喜欢写作，常常在杂志报刊发表作品，被同学尊称为“才女”，毕业后她没费什么力气就应聘到了一家投资公司。因为是新人，上司又好心地留出不少时间，让大家自己消化知识对付完成任务，米云工作强度并不大，工作之余，米云喜欢偷偷地上网浏览一下各大文学网站，有时手痒了又有了灵感，她不顾还在上班时间，就劈里啪啦地敲上一气键盘，整出篇文章发到网上。米云以为只要不影响工作进度，这么做也无所谓嘛，说不定还能缓解一下工作疲劳呢。但上司看米云有时三下五除二，囫囵吞枣马马虎虎地完成任务，然后就坐在电脑前奋笔疾书，觉得迟早都会影响到正常工作。

果然不出上司所料，有次米云正写得如痴如醉状态大好，竟然忘记下午要将资料传真给一个大客户，如果大客户满意的话，将选择公司的大宗商品投资计划。因为米云的疏忽，大客户十分生气，扬言再也不和他们公司合作，还打电话给与他接洽的业务员，把无辜的业务员狠狠臭骂一顿。业务员觉得很委屈，便找到上司说明情况，并且气愤地要求公司解雇米云这种没有责任心的雇员！

米云也知道自己犯错不小，她内心好害怕公司炒她鱿鱼，自己变成“失业人群”之一，可是上司把米云叫去办公室后，看上去竟没有想象中那么愤怒，反而请米云坐下，和颜悦色地说：“米云，我早就听说你是个有名的才女。”米云紧张得不敢说话，心想这次就算不被开除，肯定也要扣发工资了！上司却不顾米云心跳如擂鼓，轻松地笑笑又问：“那什么时候让我拜读一下才女的大作呢？”米云见上司这么随和，渐渐没那么紧张了，然后两人又聊了一些关于文学的话题，米云没想到上司竟然读了那么多书，聊起某些国外文学来还很有自

己的独特见地呢！她越聊越开心，不知不觉一个钟头过去了，上司站起身跟米云握手告别："下次咱们有时间再聊，不过希望下次你不是因为工作失误进我的办公室哟。"米云的脸红了，羞涩但郑重地使劲点点头，决心以后专心工作。后来米云在工作中果然一丝不苟，再也没有出过差错，年底还被评为优秀员工。

这位聪明的上司正是利用"黑暗效应"，在员工犯错时没急着批评教训，反而采取温和激励，打造出了一个优秀员工。

其实人非圣贤，谁都有犯错误的时候，下属把事情办砸了，上司不要忙着声色俱厉地训斥一番，而应该显现一个领导者的大度与智慧，与下属一起找出失败原因，然后再适度批评加真心鼓励。下属会觉得你是一个负责任的领导，也是一个真材实料的上司，他会对你的意见由衷地信服和采纳。聪明的领导者通过某些刺激，能激发人们向组织目标奋发前进的积极性、主动性和创造性。有效激励的关键是激发和引导人们的行为动机，去积极进行实现组织目标的活动。

在我们的传统观念里，一贯主张"严师出高徒"，认为批评得越严厉，下属改正的质量就越高。其实，从心理学角度来看，需要我们正视的是，没有人希望失败，当我们自己犯错误的时候，又何尝不是非常自责呢？一个人在他已经开始自责和反省的时候，如果遭到过分的批评，那他反而会产生逆反心理，这是人之常情。如果下属有了逆反情绪，即使是最恰当的劝告，他们也都听不进去。抛开这层心理去领导下属，只会以失败告终。

吉先生是一家上市公司的部门主管，本职工作的压力程度很大。更让他烦恼的是，自己部门的下属工作能力不足，部门工作业绩一直不理想，让他非常恼火。为此他大发雷霆过很多次，但是效果总是不佳，由于团队业绩有限，他面临着越来越大的公司压力。其实，如果吉先生真想提高自己的素质和影响力，并且提升本部门的工作业绩，就必须最大限度地减少批评下属的次数，不但要“化干戈为玉帛”，还要“变批评为激励”，让手下已经诚惶诚恐如惊弓之鸟的员工重拾自信，能在上司的赏识和激励中重燃信念，这才符合管理学中的“三明治法”。

什么叫“三明治法”呢？就是管理者要学会“先扬后抑”，先称赞和激励对方，使得对方心情愉悦，然后再委婉地提出批评或建议，这样，对方在被激励的情况下，更容易接受你的要求或批评。这样管理者就既能达到管理目的，又可以培养上下级之间的良好关系，还能让下属带着一种愉悦快乐的心情工作，所谓一举三得。人际关系专家哈维·麦凯如是说：“赞美比批评永远来得重要。”

6. 让下属“听话”有高招

下属有能力又“听领导的话”，这无疑是每位领导者的心愿。可是下属个性不同，优缺点各异，作为领导，如何跟下属相处，又如何让他们乖乖听话，实在是一门学问。

请看 80 后 MSN 签名：我需要你的指点，但不是指指点点！每个人都有自尊，愿意听好话，而不希望别人对自己指手画脚。这是人之常情，尤其是对部分有出色能力又具有自恋人格特征的下属，不恰当的批评和在业务上的干涉，常常会激起他们很强的心理逆反，甚至愤怒。而从另一个角度看，这些具有自恋人格特征的下属，往往进取心强，如果用好了，最有可能成为公司的得力干将。

主管林强现在就遇到了这么一个“烫手山芋”，他的下属余波是公司业务骨干，工作业绩无可厚非，但此人却有一个致命的弱点：在遇到需和其他部门沟通协作、共同完成工作任务时，余波态度常常强硬固执，令协作部门的同事颇有微词。林强如果不指出余波缺点，恐怕他在今后的工作中还会有出现更大问题，而且也会影响本部门和其他部门之间的友好关系。但如果林强指出余波的毛病，像他这样自大又自恋的人，不知会不会当面顶嘴，或者一气之下炒老板的鱿鱼？这当然都不是林强愿意看到的结果。思量再三，林强决定趁公司员工秋游登高的机会对余波提出“委婉的批评”。林强和余波并肩登山，齐心协力征服高峰时，彼此之间有一种朋友情谊，所以当林强最先大力肯定余波的成绩、能力和潜力时，余波心里飘飘然十分受用。话锋一转，林强温和地继续说：“小余你为公司创造的业绩是巨大的，但如果稍稍再改进一些小地方那就更完美了！”余波此刻还沉浸在被褒扬的愉快情绪中，当然也愿意洗耳恭听林强的意见，于是，林强从容提出了余波工作中需要改进的地方，提出了对他的谆谆期望，最后不忘加一句：“相信像你这么高素质的得力员工，一定能做得更好！”这样一来，既没让接受批评的下属丢面子，又让他做到心中有数，还激发了余波内在的动力。

除了余波这种“自恋的能人”，职场中更多的是一些循规蹈矩、依赖性强的员工，要让他们听话，则需要在尊重的基础上，提出清楚而明确的要求，不要太含糊，这样的员工往往做事比较认真，而自主创新精神较差，如果给的指令太模糊，他们就不知如何下手，效果就不会太好。

上司下指令时不要“含糊化”，评价员工工作时更要避免“笼统模糊”。描述问题要尽量力求精确，泛泛而谈是不能起到好效果的。

一来你的下属不能具体明白自己的工作到底是好还是坏，二来泛泛的评价也许根本就不能说服你的下属，反而让人觉得你是在给他小鞋穿。

广告公司的小美最近很苦恼，因为她已经将楼市报告重复做了三次，主管那里还是没通过，每次都对她说："小美，你这份报告做得太马虎了，不能过我这关，你拿回去修改好了再说吧。"小美改得怨声载道，甚至怀疑自己是不是无意中得罪了主管，才让主管公报私仇报复她？好在主管最终知道了小美的苦恼，他下一次索性用红笔将小美报告中的问题部分勾画出来，并详详细细指点她："小美，你看你报告中这几处数据都不够翔实，而且市场分析也不够精确，与当前真实的市场情况尚有一定差距……如果你能将这些不准确的地方细心修改一下，相信会是一份不错的楼市报告!"这下小美不但知道自己问题出在哪里，而且还接受了上司激励，就算要加班再做一份新的报告，也马力十足，毫无怨言啦!

所以一个聪明上司，要让下属"听话"，他就必须是一个任务清晰用语准确的人。除了语言方面的艺术，还有情绪方面的考量。事实上很多领导发现员工犯错的时候，往往还会在极度愤怒的情绪下批评员工，这样导致会失去焦点。要知道重要的不是批评员工、发泄情绪，而是要就事论事，针对员工犯错的原因进行检讨。了解员工的状况，并说出自己的期望，才能达到纠正的效果。

从行为主义心理学的角度，强化分为正性强化（奖励）和负性强化（惩罚），主张领导在职场中要尽可能多使用正性强化而少用负性强化。具体到领导艺术上，需要对下属多表扬，少批评，对于符合领导意图的正性行为多奖励，包括适当的物质奖励，而对不良行为，"扣奖金"、"年终奖打折"、"福利取消"等惩罚措施固然在某种层面上是

奏效的，但绝对不可滥用，毕竟每一次惩罚对于下属的热情和忠诚度都是一次伤害。

发现问题时，领导要尽快让员工了解哪些地方出了问题，如果领导拖延隐藏问题的时间，员工可能会乐观地以为一切没有问题，而继续错误行为。只有尽快做出回应，才能让员工尽速发现，尽早改进。规范员工就如同教练员工一般，目的在帮助员工成长，所以在规范员工的时候，领导心中首先要有个目标：希望员工改变什么行为？如何改变？这些都需要事先想清楚，甚至拟好计划。如果员工没有改进的话，也要先考虑好下一步要怎么做？领导应该首先问自己，为什么无法改变员工的行为？是激励方式错了吗？而不是在员工的“听话反应”稍微迟疑片刻就大喊大叫，大发雷霆，令大家惴惴不安，也破坏了职场的和谐气氛。

其实，当个知人善任的好领导，不仅仅需要技术层面的管理技巧，更需要提高自己的情商。能够达到较高社会地位的人，比普通人更具有自恋、控制欲强等特点，这些特点一方面可以成为事业成功的资源，另一方面对于处理和下属的关系，也有很多隐患。如果你很容易被“刺头”的下属激怒，或听不得不同意见，或对下属的要求过高、过细、过苛刻，让下属苦不堪言，那么你需要反思一下自己，回顾一下自己当年当小员工时，如果领导那么对待你，你心里是什么感受？在你的童年，你的父母是否也曾用类似的态度对待你，那时你幼小的心灵是什么滋味？而为什么当你成为领导之后，又会用同样的态度去对待别人呢？

最后，要当一个善于管人，令下属驯服听话的好领导，恩威并施才是关键。威就是严格、责备；恩就是温和、奖励。下属做得有失妥当的地方固然应当责备，而对其表现优秀之处，更不可抹杀，要给予适当奖励，这样下属的内心才能平衡。比如说到“恩”时，你大可以不吝赞美："小张，你是个很有上进心的青年，我希望你下次做得更好。""小黄，我发现你的工作每次都有进步，我真高兴，相信你一定能给本部门做出更大的贡献。"不要小看这几句评价的话，它能让你的下属在接受你的批评后备感温暖，工作更有激情哟。而说到"威"，即使是批评，也必须考虑员工的心理特点，就事论事指出员工不足，切忌在"发威"时带入太过个人暴躁情绪，从而把"批评"这门艺术掌握得恰到火候，令下属对你忠心耿耿，绝对服从！

7. 提携下属是最佳策略

我们每个人都是社会的一分子，没有人是单独孤立存在的，人与人之间形成各种彼此关联的复杂联系，在做任何事情上，也必然存在能够帮助我们的人。如果你懂得运用别人的学识、经验、能力及影响力为自己的行为做事助一臂之力，成功就不会显得那样遥远和艰难。同理，在职场上，就算能力再强大、本事再高超的上司也需要一群能帮得上忙的下属为之效力，否则只凭个人的单打独斗，往往手忙脚乱也不能"啃下"庞大艰巨的任务。而要做一个英明的统领，很重要的一点就是生有一双慧眼，能分辨下属的工作态度与能力，在适当的时候提携下属，使之甘心情愿团结在领导周围，为之效力，这才是成为英明领导的最佳策略。

艾迪·利肯贝克上尉认为他最大的个人资产是"能够使别人乐于让我运用他们的大脑"，

巧用下属，与下属密切合作，互补长短，一定会比上司一个人单枪匹马奋斗要省力得多，同时取得的

成就也更大。

1993 年，红豆集团创始人周耀庭将初具规模的红豆集团分成 8 块，由 8 位企业元老各自执掌一块，大家持股比例大致相同。周耀庭的接班人原则是“10 年干下来，看谁发展得好，就由这个人接班。”之后，周耀庭对这些接班人都进行了有目的的实战培养和开发。10 年之后，周海江不负众望，从 8 位竞争者中脱颖而出，他主管的企业发展成为一家上市公司。成绩有目共睹，周海江顺理成章地接任红豆集团掌门人。周耀庭就是通过授权管理方式来提携员工、培养接班人的。管理者有时会有误区，他们往往会担心下属“功高盖主”。其实作为管理者，不仅要有统率全军的能力，还要有鼓励团队超越的胸怀；不仅要脚踏实地地拼搏，还要具备提携下属的韬略。从另外一个层面考虑，下属的成就其实正反映了管理者的知人善任和领导有方。

在大名鼎鼎的宝洁公司，在每一位经理的年度总结中，有一项特定的内容必须要填写：在过去一年中，对自己管辖员工职业素养提升所作的贡献。这项工作竟然占年度绩效评价的 50%。如果这一项是空白，那么该经理升职基本是不可能的。在每一年年底的晋升评比中，宝洁每一位经理必须提出本部门建议晋升的员工，并且要对其他部门经理介绍这位员工的业绩，如果获得成功，那将是十分光荣的事情。这种管理制度使得每一位经理都把培养下属当作年度的核心工作之一。包括华为、海尔等诸多国内企业也采取类似的举措，要求每一位管理者都必须具有培养超越自己接班人的意识。越来越多的企业对上司提出要求：如果你不能提拔下属，那么你自己就不能得到提拔。如果说，不提拔下属的上司，自己也很难得到提拔，那么，善于提拔下属的上司，则能让自己升得更快、升得更稳、走得更远。

清朝著名官员曾国藩便是一个善于提携下属的人，他和李鸿章两人既是师徒，也是同僚，但若没有曾国藩的提携，李鸿章能否在历史上成就一番功业，还是未知之数！曾国藩和李鸿章的父亲李文安是同年进士，鉴于这一层关系，李文安就让他的儿子李鸿章拜曾国藩为师，跟随曾国藩游学，所以，曾国藩对李鸿章的提拔栽培可谓不遗余力。但李鸿章年轻时并不算很“争气”，当时在曾国藩的人才济济的幕僚中，他除了好吃懒做外，并无其他特长。但曾国藩却慧眼独具，看出李鸿章眼光敏锐，对问题的判断能一针见血正中要害。所以一面经常责骂李鸿章，折他的骄气，苦心打磨他；一方面却用心训练，教与李鸿章计谋策略。后来李鸿章成为曾国藩最得意的弟子，晚清的最后一块柱石。曾国藩弟子门生遍布天下，不但保证曾国藩生前地位居高稳固，也使得其身后影响一直延续百年。

曾国藩虽然学富五车才高八斗，但若论起“个人才智”来，他又怎能比得上三国时的诸葛亮？诸葛亮用自己忠诚的品德、超人的智慧、旷世的才能、敬业的精神，协助刘备匡复汉室，成就蜀国霸业，治理“天府之国”，他的历史功勋是有目共睹的。然而，他一贯主张亲力亲为，没有培养出治理蜀国的优秀接班人队伍，致使最后出现“蜀中无大将，廖化当先锋”的无奈局面，不仅自己落得个“出师未捷身先死，长使英雄泪满襟”的悲惨结局，也使蜀国成为了三国中最早灭亡的一个王朝。

其实提携部属最有成效的办法，是要让他们在实践中获得足够的历练和能力的提升，一个会提携下属的上司，更适应更加科学有效管理的现代企业。在工作时间内，管理者与部属的工作量及工作负荷应该是合理的，如果管理者一天到晚总是忙！忙！忙！认为24小时不够用，根据现场经验，这位管理者肯定是不懂得或者说不舍

得授权，提携下属帮忙，大大小小的事一把抓，才会如此。

李京是某大企业的 CEO，他在公司有个绰号叫“一阵风”，因为任何时候大家看到的都是李京急匆匆的身影和左脚绊右脚的“行军步法”，他也总是诉苦说他很忙，忙着开会、交际应酬，忙着计划、协调、控制、指挥部下工作，恨不得一天有 48 个小时可以利用。有一次，在公司高层扩大会议上，他特别强调，他一天除了用 6 小时睡觉，其余时间都在工作。李京的发言可称得上感人肺腑啊：“除睡觉外，其余的 18 个小时，每一个小时工作 60 分钟，每一分钟不折不扣地工作 60 秒，几乎把握了 18 个小时内的每一秒钟为公司做事。”

就因为平时太过注重工作，一心扑在公司上，李京由于长期缺乏睡眠，造成饮食紊乱和营养不良，竟然在一次很重要的商务会议上倒地晕厥了！大家急忙把他送进医院，医生严肃警告李京，如果他再继续这种不健康的生活与超强度的工作方式，很可能会年纪轻轻就“过劳死”！李京大吃一惊，这才明白自己为了公司已掏空身体，在老板强硬坚持下，李京只好暂时放下一切工作到国外度假，而且为了让李京度假时不要操心公司的事，“遥控作业”弄得精神紧张疲惫，老板还很“蛮横”地收缴了李京的手机，“逼”他好好度假调养身体。

李京两周后回来，心急如焚地赶往公司，担心暂代他职务的黄亮会把工作弄得一团糟，但让他跌破眼镜的是，公司不但运转如常，代 CEO 黄亮刚下班就气定神闲地开车去打网球，根本没出现他从前那种“夜夜加班到三更”的劳苦情景。唯一的改变，是黄亮替他做主，这段时间提拔了他手下几个工作勤勉得力的副手，并将许多困扰李京的繁琐工作安排给下属完成。李京这才明白，自己从前凡事讲亲力亲为，不给下属表现机会，害得自己健康衰退，并不是聪明做法。一个善于管理的CEO，是懂得提携下属、放“权”于“下”的人，他以前偏颇认为当头儿的，一定要比下属更忙，要具有老黄牛精神，才能给下属起到良好带头示范作用，事实上，这是一种错误观念，责任大并不可以理解为工作忙。一位优秀的管理人才关注的应该是“更有成效”的方法，而不是“按部就班”地加快脚步，思考才应是他们的基本工作。著名的管理学大师彼得·德鲁克就曾经说过：动脑的时间越长，动手的时间就越短。

一个肯动脑将自己从琐碎工作中解放出来，一个肯提携下属使之更忠心为公司卖命的管理者，无疑才是成功典范。

8. 识别下属，增强影响力

葛优在电影《天下无贼》中深情叹息：21世纪什么最贵？人才！的确，人才是企业发展的最大资产，企业的竞争说到底也就是人才的竞争。企业的发展99%靠的是领导者用人和管人的方式，1%靠的是机遇。你集聚的人才越多，你的财富也就越多。当今世界，科学技术突飞猛进，知识经济迅速发展，人才在经济社会发展中的地位和作用日益突出，一个成功的企业管理者，只有善于“识人”，通过识别人才，才能更好地“用人”，如细流归海，汇集人才智慧，做到人尽其才、各尽其能，企业便可以不断发展壮大。如何识别人才，是管理者首先不得不学的一门大智慧。

作为一名管理者，对下属的识别与看法，切记绝对不能以个人的好恶来决定其好坏。因为人的兴趣、爱好、性格各有所异，不能只凭自己的爱好，以己之

见来断定某人是否有用。有的领导往往感情用事，看到某人的脾气和志趣与己相投，便不再注意这个人的其他方面，就把他当成了人才。这样，往往会出现只有情投意合才被重用，搞自己的“人才小圈子”，而埋没了很多为领导者所“不了解”的人才。

刘备在得到诸葛亮之前，也犯过这种低级错误，当时他只凭个人喜好作为识人标准，凭个人印象和臆测选识人才，并自认为自己已“文有孙乾、糜竺之辈，武有关、张、赵之流”。殊不知天下之广，人外有人。只凭个人感情来评判人，结果往往会走入迷津。他常叹自己思贤若渴，身边无人才，以至于第一次见到司马水镜时竟无端埋怨说：“我刘备也经常只身探求深谷中的隐贤，却并没有遇到过什么真正的人才！”司马水镜引用孔子的一段话，批驳了刘备的错误观点，他说：“孔子说过‘十室之邑，必有忠信’，怎么能说无人才呢？”继而又指出，荆襄一带就有奇才，你应该去访求，这才为刘备三顾茅庐寻求能人诸葛亮拉开了帷幕。所以，仅凭个人意志、个人印象来肯定或否定某个人，只能空怀爱才之心，不会得到真正的人才，更休提识人能力。

领导者在“识人善用”时，若不能客观公正，融合了个人爱憎好恶，就不能真实反映下属能力，也失去了公平衡量下属的客观标准，势必产生“爱而不知其恶，憎而遂忘其善”的弊端。这样，最容易出现吹牛拍马者围在领导者左右。专拣领导喜欢的事情、话语来迎合领导的趣味和喜好。久而久之，领导者就会凭自己的意志来识别人才，对他有好感的人便委以重任；而对与领导保持距离、印象不深的人，即使真有实才，恐怕也不会委以重任。所以说，偏爱偏恶对人的识才与任用是片面的，对事业将会带来不良后果。

日本电产公司在识别下属“工作力”时，有着非常有趣的办法：

看一个人饭吃得快，很可能办事效率就高；一个人说话声音洪亮，很可能胆子大、具有开拓创新精神。一些管理者可能会觉得这样来“识人”很肤浅可笑，但事实上，美国一位效率研究专家经过调查发现，即使从一个人在工作时的办公桌上的情形，都可以看出此人的某些性格特征，聪明的上司就会在分派工作时“对号入座”，让不同性格特征的下属担当需要有所不同的工作，从而人尽其才，发挥每个员工身上最大的工作热情，具体说来，“办公桌性格”可以分为以下四类：

叠式性格。平时总能把桌面上、抽屉里的所有文件材料都叠得整整齐齐、干干净净。这类人工作有条理，组织能力较强，办事效率高，有较强的工作责任心，他们凡事小心谨慎，一丝不苟，但往往缺乏开拓与创新的精神。

塞式性格。桌面上可能很干净，一尘不染，但抽屉里却很乱，不管什么东西都一股脑地统统塞进抽屉里。这种人多半聪明、机灵，喜欢做表面文章，只注重外观，投机取巧，文过饰非。此外，这类人大都作风涣散、懒惰，为人不太可靠。

散式性格。桌上的文件东放一堆，西放一堆，既没有归类，也区别不出轻重缓急。这类人工作没有头绪，干起活来有头无尾，很难集中精力，缺乏自我管理能力。

堆式性格。桌上如同垃圾堆，文件资料乱堆乱放。这种人工作能力差，缺乏条理性，也缺乏责任心，应该从头接受训练，或改做其他职位较低的工作。

而一个持公正态度，有心在小事中“识人”的管理者，是可以随时随地发现人才的。有这样一个故事：一位厂长午休时间心血来潮，到自己的工厂车间去巡查时，发现一个新进厂的员工在擦玻璃，一丝不

苟地将玻璃擦得透亮，擦完后又主动去擦机器、拖地板，收拾车间零乱物品，忙得不亦乐乎。他找来车间主任悄悄询问："这是你们请的勤杂工吗？他手脚很勤快。""不是，"车间主任挠挠头不好意思地回答："他是我们车间新来的车工，并不是做清洁的。"厂长满意地点点头，对车间主任说："那你以后可以注意考察他，应该很快提拔他。"不出厂长所料，这个工人果然很快成长起来，不但业务知识突飞猛进，而且对工作尽心尽职，忠心不二，成长为难得的优秀人才。这个例子说明管理者无时无刻不在考察和识别人才，通过一件小事就能看出这工人具有难能可贵的主人翁精神，若再有意关注和培养他，当然就能让他迅速成长为"栋梁之材"。

作为一个优秀的上司，是能帮助下属找准自己的位置，令他们发挥所长；能有效地识别下属的优势、劣势，对他们的工作表现和风格有一定的预见力。就算单从员工的"工作态度"考量识别，也能"窥一斑而知全豹"，"知人"后方可"善用"。

工作中喜欢故作忙碌的人，大都对自己的能力缺乏自信心，这种人经常会在别人面前做出一副忙碌不堪的样子。表面看来，工作是勤勤恳恳的。实际上，这类人中不少是工作能力较差的，表现工作的忙碌状态，往往是对工作能力低下的一种掩饰。同时，这种人在心里头总怀着自己的弱点，怕有一天会被同事或上司发现，因此尽量装出对工作尽心尽责、勤奋不懈的样子。

对工作表现出极大热心，并经常嘀咕同事不热心的工作者，往往自己心里也怀有惰性。这种人表面上很热心工作，而实际上只做一些表面上的工作，遇到困难或复杂的事情便退缩，而且总觉得其他同事游手好闲，只有自己才是真正热爱工作的人，并由此想得到领导的表扬和提拔。实际上，这类人在本性上都比较懒惰，唯恐自己比别人做得多了。

有的人当上司在场时，工作效率非常高，而上司一离开，干劲也随之降低。这种人大多表里不一，具有两面性格，平时生活亦是如此。言行不一，习惯以不诚实的态度面对人生。相反的，有些人当上司在场时，工作效率反而会降低，甚至因为紧张而出一些啼笑皆非的错误，这种下属具有内向性格，身上带有一定的自卑感，需要上司多多鼓励，激发出他的自信心。

所以说，聪明的上司大多拥有一双“火眼金睛”，能够“于微处识人”，而识别职场上不同下属的“真面目”，再一一选择任用，才有可能令下属尽情发挥特长、避其短浅，才能发挥团体最大的创造力，使团队能够强大茁壮，战胜一切！

9. 智慧用人，提高竞争力

一个企业麾下能聚集一帮有志之士是重要的，但比“网络人才”更为重要的，是管理者如何科学有效地管理好人才，智慧地运用人才。智慧用人包括了两个方面，一方面是优秀人才的识别、选拔、使用、培养，另外一方面是广大员工潜能的合理配置和广泛挖掘。

放眼中国封建社会，懂得“智慧用人”的君王多能获得贤能者的忠心帮助，成就一番雄图伟业。而不懂“用人之术”的，却因为个人好恶、保守意识或落后观念等羁绊，即使明知自己手下才能出众，也不敢随心所欲任用德才兼备之士，最终让身边的小人得逞，坏了自己的事业根基。秦皇嬴政之所以能一统六国、雄踞天下，也是和他的用人智慧密不可分的。

李斯在遇到嬴政之前，仅仅是楚国一个掌乡文书的小官吏，他身处统治阶级的最下层，对高官厚禄有着极强的欲望。后来李斯拜荀子为师，学习了一身真本领，来到秦国当了吕不韦门下的舍人，舍人是战国时期显贵之人的侍从或者亲信，并不是一种官员，社会地位也不高。但因为一个偶然机会，李斯见到了当时还在学习怎样治国的年轻国君嬴政，他抓住机会，趁机向嬴政进献了自己的“帝王之术”，纵论天下形势，让嬴政听得心服口服。深谈之后，嬴政认定李斯是当今世上难得的奇才，于是破格提升，不顾李斯的卑微身份，拜李斯为长史，一下子让李斯手握重权，从名不见经传的小子变成了炙手可热的权臣。后来嬴政任用李斯意见，一一打败其他诸侯国，为了表彰李斯功劳，还提拔他为“客卿”，使之成为与商鞅、范雎一般待遇的名臣重相。

李斯有真才实学，他以法家思想为主，兼蓄儒家一些思想而成的“帝王之术”，在秦国得到了充分运用。“灭诸侯，成帝王，为天下一统”的战略性构想将李斯和嬴政紧紧连在一起，李斯不仅是嬴政不可缺少的左膀右臂，更成为嬴政统治集团内的关键人物之一。正是由于看到了李斯这种攀附强贵的本性和极重功名之心，嬴政才愈加提拔重用他，因为嬴政知道越是重用李斯，李斯就越会发挥其潜力为大秦效劳。这正是嬴政智慧用人的一个策略：不管你这个人原来如何，不管出身多么贫贱的草根人物，只要你有才干和忠心，我就会许你高官厚禄，让你拼死为我效力。

去过庙里的人都知道，一进庙门，首先看到的是弥勒佛，他笑脸迎客，温和慈祥，而在他的背面，则是黑口黑脸的韦陀。据传在很久以前，他们并不在同一个庙里，而是分别掌管不同的庙。因为弥勒佛热情快乐，笑口常开，所以来参拜他的信徒非常多，但他什么都不在乎，丢三落四，没有好好管理账务，所以虽然看上去香火旺盛，依然入不敷出。而韦陀虽然管账是一把好手，但成天阴着个脸，太过严肃，搞得来庙里的人越来越少，最后竟然香火断绝。佛祖在查香火的时候发现了这个问题，灵机一动，就将他们俩放在同一个庙里，由弥勒佛负责公关，笑迎八方客，于是香火大旺。而韦陀铁面无私，锱铢必较，则让他负责财务，严格把关。在两人的分工合作中，庙里一派欣欣向荣景象。其实在会用人的领导眼里，没有“废人”之说，正如武功高手，摘花飞叶自成兵器，都可伤人，关键看如何运用，将人才安排在最适合他的位置上，使之发挥出最大的竞争力。

“智慧用人”除了“人尽其用”，有时还需要管理者有广阔胸襟和非凡气度，能任用比自己能力更强的员工，并且承认下属比自己才能更高这一“令人高兴又脸红的事实”。美国钢铁大王卡耐基就说过这样的话：“你可以把我的工厂、设备、资金全部夺去，只要保留我的组织和人员，几年后我仍将是钢铁大王。”卡耐基死后，人们在他的墓碑上刻着这样一段文字：“这里安葬着一个人，他最擅长把那些强过自己的人，组织到为他服务的管理机构之中。”卡耐基的成功在于善用比自己强的人，在知识经济时代，管理者更需要有敢于和善于使用强者的胆量和能力。

敢用强过自己的人就要容人之长。“木秀于林，风必摧之”，这是古来有之的不良风气。在现实生活中，常常看到这样的现象：有的上司心余力绌，又不甘寂寞，把下属的进步当成是对自己的威胁，对能力和学识超过自己的下属百般诋毁，说人家这也不行，那也不是，甚至一无是处。一些管理者不乐于用比自己强的人，除了怕这些“强人”难以驾驭，主要还是嫉贤妒能心理在作怪。因此当他遇到比自己能力强的人就萌生妒忌，甚至采取种种方式压制他们，不让他们发挥

特长，使得许多专业人才被埋没，实在令人痛心。

敢用强过自己的人就要容人之短。美国当代著名管理学家德鲁克在《有效的管理者》一书中有一段非常精彩的评论：谁想在一个组织中任用没有缺点的人，这个组织最多是一个平庸的组织；谁想找“各方面都好”的人，结果只能找到无能的人。没有颜色的世界是白得刺眼的世界；没有缺点的人肯定不是凡人。高下相成，有作为的人往往优缺点都比较明显。古往今来，大凡有见识、有能力成就一番事业的人，往往有着与众不同的个性和特点。他们不仅优点突出，而且缺点明显，如有才干的人往往恃才自傲；有魄力的人容易不拘常规；意志坚定的人容易固执己见；为人谦和的人多又胆小怕事等等。管理者用人，当用那些长处明显而短处不严重的人。要因人而用，不要唯用责人，更不要削足适履。

敢用强过自己的人就要允许失败。任何人的经历都不会一帆风顺，尤其是一些创造性活动，失败往往多于成功，而没有失败就没有成功。国际知名企业都是允许失败的企业，如花旗银行、通用电气、百事可乐等，都认为“失败是正常现象”，甚至认为应该奖励“合理错误”。在完成任务的过程中，由于种种意想不到的原因，受任者任务完成得不好，或出现失误，如果管理者对受挫者一味指责、埋怨、批评、训斥，不给丝毫的温暖和善意的帮助，就会冷了部下的心，甚至会激化演变为敌对情绪和叛逆心理。

“知人善任”十分重要，美国玫琳凯化妆品公司创办人曾经有一个女秘书，这位秘书做事谨慎，性格和顺，大家都很喜欢她，但她到公司已经四个月了，却还迟迟不能胜任秘书工作。可公司已经在她身上投入了很多时间和金钱，要辞退她实在可惜，于是上司和这秘书长谈几次后，发现这个秘书更适合财务方面的工作，于是将她调往公司的财务部门。事实证明，这个在秘书岗位上做得一团糟的员工，在财务部门的表现却是“一级棒”。从这件事可以看出，一个智慧英明的领导，一定要充分了解下属，给他一个能充分发挥其特长的工作位置，否则将他放在并不适合他的位置上，只能埋没他的才华，还引得他怨声载道。

只要管理者知人善任，一定会使下属们心情舒畅，积极肯干。而用对了人，还会大大提升公司内部“你追我赶”的良性竞争气氛，大家同心协力共创佳绩，一定会为公司的明天开创崭新辉煌的局面！

10. 投之以桃，报之以李

“投之以桃，报之以李”是颇具中国特色的传统礼仪方式，讲究的是一个“礼尚往来”，运用到职场同样奏效，倘若用白话文解释，我们可以理解为：只有上司用真切的温暖和关爱打动下属，下属才会回敬上司以尊重和服从。

江开无疑是公司中层管理者中最为年轻，能力也最强的一个。三十出头的他已经被老板任命独当一面、统帅关键重要的营销部门，江开不但拥有哈佛大学商学院金光闪闪的文凭，还有着英明果断的头脑，按理说，由江开坐镇营销部门，那业绩会是嗖嗖往上飙升，半点都不会发愁的。但怪就怪在他到了新岗位两个月，营销部业绩非但没有增长，和去年同期相比，甚至还有下挫趋势。要知道江开是被老板钦点的中层领导啊，如果业绩继续滑坡，他将如何面对自己在任职会议上夸过的“使销售额比去年增长百分之二十”的海口？别人将如何看待他的真才实学？

苦闷使得江开原本就不好的脾气愈加暴躁，他动不动就对下属咆哮，大声斥责这帮没用的家伙。看似大家都勾头默默听着，也不知受训完毕，能将多少他的训示牢牢记在心头？

有天下午江开约了客户在外面谈事，但刚出电梯门接到客户电话，歉意地希望改期再谈，江开只好又乘电梯回办公室。他刚想推营销部的门，却听到几个下属在里面大声谈论自己。在公司服务了六年的小张算是“老资格”了，此刻他嗓门最大，气恼也最强盛：“那个江开，他以为自己是什么东西啊？动不动就对我们大呼小叫，把我们训得跟孙子似的，大家打份工嘛，又不是把命卖给他，干吗凶成这样子？”其他同事都纷纷安慰小张“算了”，老李还接着感叹：“江经理脾气真的很差，而且好像对谁都不放心，那天我有个数据错了，要拿回去修改，这点小事他还担心我做不好，难道我们在‘哈佛生’眼里，智商都这么低吗？”小张尖锐地附和：“就是，海归有啥了不起的？我们以前的杜经理人家也是海归呢，对下属多好，总是和蔼可亲笑眯眯的，为这种领导办事，我心里才畅快，应付再苦再累的工作都有劲儿！”

听着办公室里传来的哄堂大笑，江开放开了门把手，趁大家不注意，轻手轻脚又乘电梯下去。其实他并不是想对下属呼呼喝喝，刻意将自己武装成咆哮的“暴君”啊，只不过他对自己要求很高，造成压力巨大，而他大声斥责下属，也是觉得自己通过这种“激情的方式”能让下属听得更明白一点，从而更好地把握上司意图，完成交代下来的工作，他真的没有恶意去践踏下属智商啊。不过“偷听”也挺好，至少让江开找到了自从他接手营销部后，部门士气一直低迷、大家工作效率一直低下的原因。

几天后，背后对江开最不满意、冷嘲热讽得最厉害的小张出事了：他因为在传真报表给客户时马虎大意，竟将公司内部报价当作客户价发了过去，客户按内部价签约，给公司造成了十万元的损失！小张当时知道自己闯祸的消息时还在外面，因为心情紧张精神恍惚，没有看到一辆失控的电瓶车朝他狠狠撞来……

小张小腿骨裂，他躺在病床上，看到江开一脸平静地走进来，心里咯噔一声，心想以前犯点小错都被江开骂个半死，这次他不趁机炒自己鱿鱼才怪！但让小张大为吃惊的是，江开非但没骂他，还给他带来补品和水果，嘱咐他好好休息，不要担心工作的事，至于小张闯下的大祸，身为部门领导，江开将责无旁贷地帮他尽量补救。

小张简直不敢相信自己耳朵，同事来看望他时他赶紧问大家，江开是不是吃错药了？老李拍拍小张肩膀让他不要再说恩人坏话了，因为老李亲耳听到老板因为小张纰漏的事，将江开骂了个狗血淋头！其实只要江开将责任全推到小张身上，逼小张引咎辞职就不会被老板痛骂，但江开很有义气地力保小张！

听了同事们的话，小张眼睛渐渐潮湿了，伤好后重返公司，他又变成了从前那个“拼命三郎”，热情认真，浑身上下洋溢着工作激情，而江开的脾气也越来越好了，他不再那么容易发火，有什么问题总是邀大家一起出谋划策，刚愎自用和急躁的坏毛病改掉许多，以小张为代表的营销人员当然愿意紧紧团结在江开周围，到了年底，很争气地使得部门营销额比去年上升了百分之二十三，圆满完成了江开的预计期望！

人心都是肉长的，倘若江开当初听到下属说他坏话时，冲进去严厉指责下属，而不是虚心接受、改正错误，他又如何得以“部门归心”呢？下属以前讨厌江开的暴躁易怒，不能和他很好地合作，江开就从自己脾气下手，真切地做到“关爱下属，善待员工”，所谓“投桃报

李”，看到上司都转变得如此亲和仁爱了，做下属的怎么不会拿出浑身解数打拼业绩呢？所以啊，做领导的要想赢得下属爱戴拥护、支持力挺，喊口号是没用的，说空话是没用的，最好的办法是“以心换心”——你敬下属一尺，人家肯定还你一丈！

对团队而言，在一个人人都信任的管理者组织里，下属当然会给予组织更高的回报。当下属认为管理者真心为他着想时，就将激发他最大努力投身于工作中，带来更高的敬业度。哈佛商学院教授路易斯·巴恩斯有个著名的“互惠”理论：简而言之，人与人之间总是投桃报李。对希望在团队中建立信任的管理者来说，他必须尊重下属，倾听他们的意见和建议，公平地对待他们，关注团队整体利益而非个人成功。

管理者要想取得最优的管理效果，就应该不断告诉他的员工：他们对工作的结果是多么重要，因为对大多数人来说，他们需要的是激励，它通常与接受、自我肯定、认可和情感联系在一起；另外，要想让下属“听话”，管理者应该有一点“逆反思维”，鼓励他的团队成员大胆提出意见，这样员工才会觉得他们的意见是被渴求的和经常被采用，他们是受到重视的。在意见交流过程中，管理者要做到直截了当的和大家交流，当然也要求下属们直截了当的反馈，因为总是含糊说一些事，会让员工感觉很模糊很糟糕，人为地设置了鸿沟；管理者希望能得到下属关心，当然自己也要真心关心如何提高下属的身心健康？比如提议公司赞助一些团体运动、定期安排康体锻炼、鼓励员工办理健康俱乐部会籍等等，这些活动会让员工充满活力，也充满活力地为公司工作，除此之外，还能够增进同事之间的友谊，公司的归属感和团队精神；最后，管理者希望自己在任职期间取得不错成就，就应该给下属充分展示自己才能的机会，营造一个有着欢乐和谐的工作环境，改善工作心情，使所有人都能在幸福愉悦的情绪下工作，当然也就能取得事半功倍的效果啦！

古人告诉我们：己所不欲勿施于人。如果每个管理者都肯换位思考一个命题：假如我和下属位置对调会怎样？相信只要认真思考，管理者都会得出不少“挖掘下属潜能，激励工作激情”的好点子，而做到这一切的前提，正是“你想拥有忠心有才干的得力下属，你就得当一个聪明仁爱的好上司”。

第五章：透视（客户）对手，让你商场无往不利

1. 让幽默拉近你和客户的距离

幽默最能引发笑声和愉悦的氛围，在这样的环境下，烦恼变为欢畅，痛苦变成愉快，尴尬转为融洽。在和客户交涉时，幽默宛如一块磁铁，能迅速博得别人的好感，拉近彼此的距离，吸引别人到自己的身边；幽默是润滑剂，它能不动声色地化解怒气，消除怨恨；幽默是甜蜜的糖衣，夹带忠告也往往含而不露，容易让人心悦诚服地接受。

会见客户时，可能很多人都会遇到面谈不顺、言穷词拙、无法良好沟通的尴尬情形，那么适当的幽默真可算得上一服极有效的清凉剂，可以缓和当时的尴尬气氛，主动积极地将会谈引到一个气氛融洽的方向。比如说，在和客户沟通时，有些强硬客户不等你阐述完毕就板起脸说“不”，这时你是该满带怒气地打退堂鼓呢？还是换种方法继续“攻克”？聪明的做法当然是后一种选择。当你的客户屡屡说“不”时，你不妨微笑着告诉他们，他们所说的“不”，其实是让你离“是”更加近了一步吧，告诉他们，你是多么欣赏并感激这一点。因为你平均每听到 5 个“不”，才能好运地得到 1 个“是”，如果客户不介意的话，能否再多赠送几个“不”，因为这样能让你更快地得到“是”。一般来说，遇上如此有幽默感的人，都会让客户笑翻天，紧张和戒备的情绪一旦松懈，客户将更容易听得进去你的话。

幽默无疑是销售过程中所需掌握的最重要的沟通技巧之一，国外有个著名的推销员曾骄傲总结：“如果你能够让客户笑，那你就能够让他们买！”可见幽默有多重要！

被誉为日本“销售人员之神”的原一平就曾有过这样的经历：

他向客户恭恭敬敬地鞠躬问好：“您好，我是明治保险公司的原一平。”

客户干巴巴说：“哦……”

客户扫了一眼原一平双手递过来的名片，抬起头来慢条斯理地说：“两三天前曾来过一个什么保险公司的销售人员，他话还没讲完，就被我赶走了。我是不会投保的，你多说也无用，我看你还是快走吧，以免浪费你的时间。”

原一平听到客户如此强硬地拒绝他，并没有放弃推销，反而做出一副一本正经还略带生气的表情：“真谢谢您的关心！请您听完我的介绍之后，如果您不满意，我就当场切腹！无论如何，请您拨一点宝贵时间给我吧！”

客户瞪大眼珠，随即哈哈大笑起来：“你真的要切腹吗？”

原一平认认真真回答：“不错，就像这样一刀刺下去……”他一边说，一边以掌代刀，在自己的肚子上比比划划。

客户忍俊不禁：“你就等着瞧吧，我今天非要看你切腹不可！”

原一平捏紧拳头重重点点头：“好啊！既然我怕切腹，今天非要用心介绍，好好打动您不可啦！”话说到这里，原一平脸上的表情忽然从“一本正经”变成“嬉皮笑脸”，客户和原一平都不由自主地大笑

起来。

不论如何，销售人员总要设法把准客户逗笑了，然后自己跟着笑，只有当你的幽默感发挥效力，令两个人都同时开怀大笑时，陌生的感觉才会消失，彼此之间的心也会在某一点上有所沟通，这不仅可以增添谈话的趣味，而且也会因为你的思维敏捷和聪慧机智而博得客户由衷的好感。

一个懂得幽默的好手并不仅仅局限于他死记硬背书上一些笑话故事，再拿到客户面前“献宝”就能引起同感了，更多的时候需要“即兴表演”。大家如果站在准客户的角度思考，很容易理解为什么“很多人讨厌推销员”——试想保险推销员初次登门拜访客户，进行产品推销，其实就意味着推销员踏入人家私人领地，客户自然也会条件反射地把推销员当作一个陌生闯入者，会对他产生一种本能的戒备和抵触情绪。这时，如果刻板的推销员只是一味地讲解产品，那只会把自己和客户的距离越拉越远。而如果你用夸张的语言、表情、动作或者形体营造出幽默的氛围，那样促成似乎会来的更容易一些。请记住：幽默是一种即兴的技巧，需要临场的即兴发挥，而不是闭门造车。

周康是刚刚踏进保险业的大学毕业生，他自认为工作已经很卖力，不但在极短时间内背熟了公司不同险种的优点，私下还对着镜子“强化训练”自己面部肌肉，希望能在客户面前露出最完美和最得体的笑容。但令人沮丧的是，周康工作业绩并不好，甚至还是新进公司人员业绩的倒数几名，如果继续下去，将会有被炒鱿鱼的危险！主管看出了周康的苦恼，专门找他谈心，和他开了一个玩笑，说小伙子啊，你知不知道我们营销界有这么一句名言：一流的销售卖自己，二流的销售卖观念，三流的销售卖产品。其实咱们卖保险的最忌讳的就是为卖产品而大讲特讲产品，就算你背得再顺溜流利，客户也只是听得心烦意乱，无法撞开他们的心门啊！

主管最后拍拍周康肩膀鼓励他：“小伙子工作很认真，这是对的，但你就是少点幽默感，要知道有时运用得当，一则笑话、一句调侃都能营造一种幽默的氛围，使得准客户不由自主地接受你，从而接受你推销的产品。”周康低头认真思考主管的话，感觉眼前豁然开朗。

再次出马，周康不再直通通地跟准客户介绍“我是某某保险公司的员工，今天特来这里向您推荐一款很适合您的险种”，而是大声吆喝“卖人民币喽，卖人民币喽”。这世上花钱买东西的多，“花钱买钱”的买卖却罕有，客户当然觉得新奇啦，拉住周康好奇地调侃：“喂，你到底是卖假钞的还是卖冥币的?”周康故作高深地摇摇头：“猜错啦，我既不是卖假钞的，也不是卖冥币的，但你给我 200 元钱，我卖给你 10 万元钱!”客户哇了一声，说你就诳我当我智商低吧，哪有这种好事?!这时，看到“愿者上钩”的周康才露出职业化的微笑，对客户细细讲解公司的“意外险”——投入少少 200 元，能保 10 万元。其实他也只是换了一个角度去说意外险罢了，但客户听着很新颖，抱着一种投入而非抵触的心理听下去，自然也就开始感兴趣啦，以后的沟通也就顺畅多了，接下来的签单也就相对容易多了。到了月底，周康竟然从“倒数榜”一跃成为公司的“销售精英”，能在短短时间打通营销的任督二脉，多亏幽默助阵帮忙！

通常来讲，那些具有幽默感的销售员，在日常工作中都会有比较好的人缘，他们比较容易赢得客户的好感和信赖。而缺乏幽默感的销售员，会在很大程度上影响与客户的沟通，同时也不易于在客户心中留下深刻的印象。如果一个优秀的销售员同时又是一个善于制造幽默的高手的话，那么他的销售事业也必将因此而如虎添翼。那么，如何

才能更好地去掌握那些幽默的语言与技巧呢？

用自嘲来缓解气氛

在与客户沟通的过程中，难免会出现尴尬的情况。这时，如果用自嘲来缓解窘境，不仅能够很容易地找到后退的台阶，而且还会产生幽默的效果。而且就凭着这份气度和勇气，客户也不会让你一人独自“幽默”，而一般会陪你笑上几声的。

巧用反话

在一些销售场合，正话反说，有时候会收到出其不意的良好效果。多采用这种轻松“反转”的语言，客户或许更容易接受。

逆向思维

一般客户通常都会顺着“常理”去思考，但是，如果把结果转移在一个“意想不到”的焦点上，就会使他们产生“好玩有趣”的感觉，让客户在会心一笑后，诱发购买动机，促成交易迅速达成。

2. 赞美是捕获客户“芳心”的武器

在“想方设法搞定客户芳心”之前，大家请先回答我一个问题：你也会渴求被人赏识、被人赞同吗？而大名鼎鼎的皮西·P·布克斯博士之所以将他的保险公司经营得那么成功，他的秘诀就在于那句座右铭：“我们欣赏我们的代理商。”当有人请教他如此简易的座右铭，是如何造成这么宏大的奇迹——在报道布克斯保险公司的成长时，一家具有业内领导地位的保险杂志，将该公司的成长称为“神奇不可思议的成就”。布克斯博士得意地回答：“我们把代理商捧得高高的，我们让代理商知道，我们非常重视他们，要知道任何成功的公司，所依赖的都是成功的代理商，他们对我们非常重要。我认为他们是一个事业中最优秀的一环——我们与他们相处的一切，全奠基在这上面。当你赏识一个人的时候，你确实会使他更具有价值，更容易成功。”

学会赞美你的客户，不仅会为你带来好的人缘，而且也能为事业带来更大的商机。“赞美”这等愉悦事，人人都喜欢，客户也不例外。真诚地“赞美”是人际沟通中的润滑剂，可以快速拉近你与客户的距离。销售人员常常抱怨“客户好难搞定”！面对面用诚恳的眼神、温煦的微笑来打动客户尚属不易了，更别提“只闻声不见面”的电话销售了，但某电信公司的“王牌销售员”郑爽，却将这“不可能的任务”变得“轻松可行”了，下面我们就来看看她是怎么推销业务的吧？

接听电话的准客户在听到郑爽关于宽带业务的推荐后，认为意义不大，因此干脆利落地拒绝。郑爽并没有因此而在言语中流露出一点点不快或沮丧的意思，反而说起题外话来：“没有关系，朱小姐，我很好奇您是不是播音员啊？声音听起来特别舒服。”准客户吃了一惊：“你怎么知道的？我真的是在电视台工作。”郑爽用轻快的声音回答：“没有啊，只是感觉朱小姐您普通话好标准，和您通电话感觉好怪的。您看还有其他什么方面需要我帮忙吗？”朱小姐嗯了一声，愿意和郑爽接着聊下去：“我前段时间看到你们宣传的 3G 手机，可不可以给我介绍一下？”郑爽当然愿意为准客户详细介绍 3G 手机，从而完成一笔“意外的业务”。而郑爽之所以会在大家都觉得成功率极低的电话销售中超额完成任务，都要归功于她在电话中真诚地赞美客户，通过赞美，赢得了客户的好感和接受，建立起瞬间的朋友关系，客户当然信任郑爽所推荐的产品啦！

交流沟通的大师卡内基说过，人人都渴望得到赞美，在赞美对方时，应当把话说得明确而自然。我们

想想自己，看看周围的人，就会赞同卡内基的话。可以说，善于交流的人士都深谙这一技巧。他们在适当的场合，对于特定的对象，从来不会吝惜自己的赞美。赞美是一种艺术。真正懂得赞美艺术的人，不见得非得看到对方真的做得特别出色的时候才去赞美，而是看到对方有潜在能力时，看到对方身上好的苗头的时候，就来赞美，好像伯乐发现了千里马一样。

营销界流行着一则“赞美接近法”的经典案例：一次，一个推销员向一位律师推销保险，律师年轻气盛，对购买保险没有半点兴趣，但推销员离开时的一句话却引起了他的兴趣。推销员在告别时诚恳地说：“安德森先生，如果允许的话，我愿继续与您保持联络，我深信您前程远大。”

“前程远大，何以见得？”听口气，好像是怀疑推销员在讨好他，让律师放下手中的事，饶有兴趣地望着推销员，做出了洗耳恭听的姿态。

推销员微笑着回答：“几周前，我听了您在州长会议上的演讲，那是我听过的最好的演讲。这不是我一个人的意见，很多人都这么说，所以我坚信您将来一定会取得比现在大得多的成就！”

听了这番话，律师竟有点喜形于色了。当推销员请教他如何学会当众演讲的，他的话匣子就打开了，说得眉飞色舞。临别时律师还一反对上门推销者冷淡厌恶的常态，殷切地对推销员说：“欢迎随时来访。”于是，推销员和他保持联系，最后成了好朋友，律师还介绍很多亲朋好友、达官贵人给推销员，在律师帮助下，推销员的保险生意自然越做越好。

可见一个聪明的推销员，是能准确把握客户心理、恰当赞美客户的高手，在融洽的交谈中，自然能寻找最好的机会捕获客户“芳心”，顺利完成任务。“赞美”虽好用，但也有不少人抱怨自己“拍客户马屁拍到马蹄子上”，甚至“赞美不当”，弄巧成拙，反而坏了大事。

徐娇最近就因为“赞美不当”而苦恼万分，她是一家品牌女装专卖店的店员，昨天有一位体型偏胖的中年女士来试穿一件粉红色收腰连身裙，徐娇站在镜子旁边一直夸奖称赞中年女士：“这裙子穿在您身上，把您衬托得好瘦！这款裙子腰部的紧收设计，很适合您这种身材……而且颜色十分青春靓丽，粉粉嫩嫩的，将您显得好年轻哦！”具有自知之明的女士一听这话，原本只是怀疑自己选这件紧身青春款的衣服不合适，现在更认定了徐娇是在讽刺她又老又胖！当即为这“反话”沉下脸孔，不但没在店里消费，还在“顾客留言簿”上记下徐娇工号，狠狠批评她的“嘲讽顾客身材年纪”。徐娇真是百口莫辩啊，她不过是想通过“赞美”而让顾客心情愉悦，乘兴而来满意而归，但却不知道恰当的赞美才会拉近自己和顾客的距离，促进销售业绩。而不合适的赞美只能让顾客觉得你好虚伪、好做作、心生不适与怒气。那么大家该如何掌握好“赞美”这门必杀技的尺度呢？

真诚发自内心，赞美对方的闪光点

有个故事，说某国王是独眼龙，还有一只脚是瘸的，他找很多人来给他画像，第一个画家按写生的画法照实画，国王看到自己真实的样子很生气，就杀了画家；第二个画家战战兢兢的，把国王画得英明神武，国王却觉得这是对他的嘲讽，也砍了画家脑袋；第三个画家画的却是：国王拉弓射箭，只展现出国王一条腿和一只眼，却显得很有英雄气概，国王大大褒奖了画家。所以赞美，一定要避开雷区，找到对方闪光点，这样才会得到共鸣。

第一时间送上赞美

赞美是有有效期的，过期作废。比如客户的儿子刚刚考上大学，或者出国留学，或者客户过生日，如

果拖很长时间，半年之后，你再祝福他，就没有什么意义了。所以一定要及时，对方才会很感动。

背后赞美别人效果更好

这是处世高人的绝招——如果你想多一个朋友，试着在背后去夸别人，好话也会传递，你要相信这句话迟早要传到当事人耳中，从另外一个人口中听到第三者赞美自己，他会更加高兴，并且会牢牢记住你这个人情。

赞美不要听起来过于生硬，更不能“一视同仁，千篇一律”

比如你上门拜访客户，在明知客户的领带是其夫人“钦定”的情况下，再夸上一句“某老板，您这条领带搭配得实在太棒了！”简短一句话，就能收到一举两得的效果，既夸奖了客户穿着得体，又称赞了客户夫人挑选东西的眼光和品位。再举一个反例，在某大客户联谊会上，若客户经理对两位女客户都说“皮肤保养得真好”之类的称赞话，可能旁人就会忍不住观察她俩，满腹疑问：“她们俩都保养得好，谁的更好呢？”若女客户感觉到是客户经理将自己推人“尴尬的对比”，说不定会恼羞成怒。

赞美是一门艺术，如果你能用真诚的心、平实的语言、一点点小技巧赞美客户，相信客我之间的关系会得到更好的提升，为你事业赢来更旺的人气！

3. 沉着应对客户的投石问路

在学习“如何应对客户的投石问路”之前，我们还是先了解一下“客户为什么要投来石子”吧？究其原因，不外乎是新客户和你合作时，双方都不甚了解，谈不上什么“诚信度”和“商誉”，而商界如战场，我们当然不能责怪客户多长一个心眼，先丢出一颗“小石头”，探探这路到底是康庄大道还是死胡同，经过测试，得出结论。心里有了底，大家合作起来才能做到真正的“透明无间”，互惠互利。有人专门研究过义乌为什么会在短短时间内做大做强？义乌市场上处理的大部分都是外贸小单和来填柜的尾单啊，可就因为义乌的老板们能坦然应对来投石问路的小单，经受了商誉测试，才能获得客户的尊重和信任，从而将自己事业发扬光大！

任职于玩具厂的业务经理王超，关于“沉着应对客户的投石问路”，可是有满满一腔心得：某客户和王超联系，说很喜欢他们公司设计的“长毛兔”，希望能订做 1200 只，但王超公司毛绒玩具的起订量都是 2000 只以上，如果是 1200 只，公司几乎赚不到什么钱，但王超认为只要老老实实做好订单，这次令客户满意的话，说不定能建立长期友好的合作关系，于是他主动找上级沟通，上级也同意了王超说法，答应用 1200 只订单量换一个新朋友！

王超和客户谈得很愉快，随后订好工期，连样品都快递过去了，客户却忽然“人间蒸发”，从此杳无音讯。在两个月之内打客户电话他不接，留言又不回，王超还以为客户临时改变主意，让其他厂家做“长毛兔”了，也就放弃等待，赶紧安排生产其他订单。但刚安排好，客户又杀了回马枪，要求王超紧急安排加工，他三天后就要提货！

王超吃了一惊，解释说好久都联系不到你，所以公司有了其他安排，能不能把货期往后稍微推一推……客户却一下子急了，竟然在电话中声嘶力竭地跟王超发了飙，大喊大叫说我们不是商议好的吗，你们怎么这样没诚信，现在就变卦了啊！你们到底是怎么回事！做生意有你们公司这么不守信誉的吗？

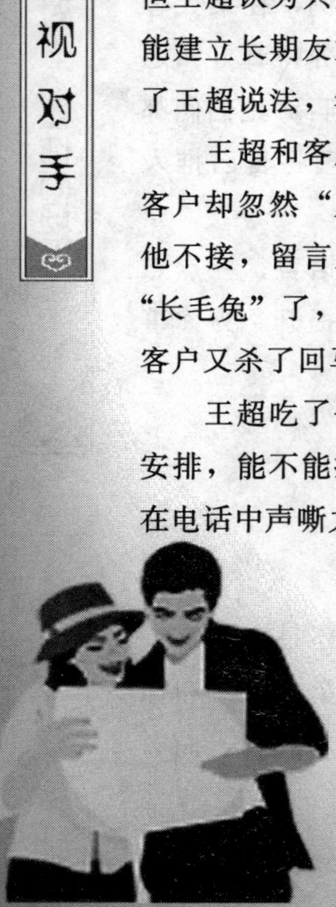

如果换了另外一个业务经理，可能就压抑不住膨胀的脾气，大声质问客户“失踪”两个月算不算没诚

信呢？如果自己犯了错还要逼人家“买单”，就休提什么信誉吧，业务到此终止就得了！幸好王超没有这样做，他到了这个地步还在和客户耐心沟通，说三天时间真的不够，如果现在贸然答应你，那才是欺诈，才是不诚信。王超还建议客户去其他公司问问，这样短的时间真的赶不出来。但客户却像茅厕里的石头——又臭又硬，又像四季豆下锅——油盐不进，不管王超怎么解释，他都认准一个死理：说好了你们做的，现在又将我们推出去，想都别想！

面对不依不饶胡搅蛮缠的客户，王超只能苦笑着提最后一个要求：“那能不能稍微宽限两天？因为生产“长毛兔”所需的面料我们现在没有存货，还要从外地临时调回。”客户终于点头应允，不过又很怕吃亏地说：“那我也要提一个条件！”客户从网上发给王超一个“七品芝麻官”的图片，要订做成“长毛兔”的赠品，王超赶紧找人估价核算。第二天报价时，客户又说不想做“七品芝麻官”了，改成毛绒汽车配饰吧。于是王超再度找人估价核算，下午客户又打来电话，说对报价不满意，干脆改做手机挂件？当王超第三次传真报价单过去时，客户又莫名其妙地说算了，都不做了，你们先把“长毛兔”弄好再说吧！

大家都被搞得筋疲力尽，王超的下属还纷纷议论经理真不该接这笔麻烦单子！

原料运来了，赶制“长毛兔”的几天，王超只好让工人加班加点，“三班”变“两班”轮流转，最后才在预定的时间将货物赶出，连夜赶工，有的员工还为此累病了，大家私底下对王超颇有微词，王超心里很难过，客户来提货时，却依旧面带微笑，没有表露半点抱怨责难情绪。

让王超万万没想到的事发生了！客户审核了“长毛兔”质量过

关、做工精细后，满意地点点头，微笑着对王超说：就是这种“长毛兔”，我们要订十万只！然后让王超安排合同，签字盖章，并且当天就将定金打进了公司账户！

王超这才悟到，这客户前面一直故意刁难，诸多蛮横，其实是在“投石问路”，他第一次和王超公司打交道，不了解不信任，也是人之常情，如果贸贸然就下十万只“长毛兔”的订单，如果质量有偏差，或者交货不及时，那高达八万的定金不就打了水漂？所以他才会“一试再试”，直到“真金不怕火炼”，试出王超公司真是信誉非凡、质量过关的好公司！

如果阁下像王超一样，遭遇蛮不讲理又小气巴拉的客户，请先不要抱怨责难、终止合作，要知道有时一个微不足道的小单可能只是人家问路的小石子，看的就是你是否能真诚地对待和耐心地沟通，如果你能像王超那样不吝付出，随时保持谦逊的态度和诚信的做法，不愁后面没有大单排队涌来！

那么，当客户“投石问路”时，我们又该如何巧妙应对呢？

端正态度，微笑倾听。

有时客户为了检测合作伙伴，会采取一种比较过激的态度和你沟通，面对客户的激动，你必须面带微笑，以诚恳态度面对客户非难，你的微笑和诚恳可以放松客户紧绷的神经，这也给与客户进一步的交流沟通做好了铺垫。当你的微笑和诚恳让客户的心情有些放松的时候，客户会把你当成一个很好的倾诉对象，此时你应把握好这个机会与客户进行交流，在肢体语言上要充分表现出你对客户的尊重和重视。

表明你的态度，建立同理心。

如果双方合作出了小问题，在对方倾诉的过程中，你应切实站在对方立场，对客户的话语、心情和

做法表示理解，并用一些“我非常理解您现在的心情，我也很着急”、“您的话很有道理，我会尽力去解决”、“您说的话很有代表性，有很多客户与您有同样的想法”、“如果我是您我也会”、“感谢您对我们公司的大力支持，给我们提出了很宝贵的意见”等等。这个过程是不能跳过的，你要站在对方角度去看问题，专心倾听对方说话，正确辨别对方的情绪，更要正确解读对方话语的含义。对客户的问题和心态要进行换位思考、将心比心，即建立同理心。这时你会发现客户的心情与情绪会有一个很大缓解，这样你就成功地把一个难于沟通的客户变成一个易于沟通的朋友。

通过变通的方法解决问题。

在不违背公司政策的前提下，帮助客户解决现有问题。你可以提出一个大胆新颖的尝试方案，和客户好好沟通，当你的解决方案可以吸引客户眼球的时候，客户就相当于答应了“妥协”，心平气和去解决问题。

但还有一个很重要的环节不能忘记，就是解决问题后，不能搞“秋后算账”，做出一副“我好不容易才搞定你这个难缠客户”的苦大仇深状，这会让你前面的诸多努力付之东流，客户也不会欣赏一个“合作结束就翻脸无情”的工作搭档。如果真输在这一步，也就相当于客户投出的石头原本已经问好了一条康庄大道，却被你的短视腰斩！

总之，在遇到新客户吝啬兮兮只肯做小单时，说不定客户是想测试你们公司是否“大小订单一视同仁”；在遇到客户诸多刁难时，说不定人家正在观察你们公司是否“耐心十足，韧性强硬”；当客户蛮横要求在极短时间完成订单时，说不定他是想知道“此公司有无上下一心的团结力和凝聚力？有无更大的发展潜力”？

只有经受了客户种种考验，沉着应对冷静处理，你才可收获奇迹，笑看风云！

4. 客户拜访有技巧

在营销过程中，拜访客户可谓是最基础最日常的工作了：市场调查需要拜访客户、新品推广需要拜访客户、销售促进需要拜访客户、客情维护还是需要拜访客户。很多销售员也都有同感：只要客户拜访成功，产品销售的其他相关工作也会随之水到渠成。然而，可能是因为怀有一颗“被人上门请求”的高高在上的心态；也可能是因为对那些每日数量众多进出频繁的销售代表们司空见惯，所以就有很多被拜访者对那些来访的销售员爱理不理。销售员遭白眼、受冷遇、吃闭门羹的故事也多不胜举，很多销售员也因此而觉得客户拜访工作无从下手。其实，只要切入点找准方法用对，你也会觉得客户拜访工作并非想象中的那样棘手……只要能掌握以下几个小技巧，拜访客户，也可以很简单。

不打无准备之仗。

在拜访客户之前要准备好名片、产品资料、合同，如果你的产品不是很大，最好能带上样品。专程去拜访客户，名片最好带最能让人记住你，愿意长期保存的名片。比如：你或者你公司的个性名片。产品资料一定要简洁明了，如专业性较强，或者资料很多不能简化，你最好准备不超过两分钟的口头介绍，一定要能做到既专业又吸引人。合同最好是空白的，便于当场签约。

当然，除了具体物质上的准备，销售员还需要做

好自我心理方面的准备。刚出道的销售员本来心里就紧张，如果业务知识不熟悉，到时见客户时，难免会头脑空白、语无伦次，所以在熟悉业务知识的基础上，还要大力克服自己对拜访陌生客户的恐惧或排斥等心理障碍，勇敢跨出第一步，一切就会好转。心理的建设并不是人人都能做的，除具备专业知识及素养外，还需具有超人的耐力及敏锐的观察力。比较有效的“自我心理建设”是你要告诉自己，不必把将要拜访的客户想得那么高大，这样你见客户时才能表现出真诚，体现出大气，才能用你的语气与气势占上风，眼神坚定毫不游弋，这样客户才能认可你。而只有当客户认可了销售员，才会进一步接受你所推荐的产品。

时间是个关键词。

成功的销售人员，一定不会忽略“时间”的重要性，在一周的开始，通常每一公司都会很忙，且上班族最不喜欢的也是这一天，所以不要太早做电话拜访，才不会花许多时间却得不到理想的成绩。在电话拜访时，应对此行业有初步的认知：何时忙，何时可电话拜访，依不同行业调整电话拜访时间。销售人员真正和客户面对面的时间是非常有限的，即使你有时间，客户可能也不会有太多时间，这就要回到第一个问题了，“做好准备工作”，只有肯提前花时间做准备的销售员，才能在销售之前充分了解客户的状况，帮助你迅速掌握销售重点，计划出可行且有效的销售计划，从而节约客户的宝贵时间，提高销售的效率。

第一次上门拜访，一定要掌握好时间，不能太短也不能太长。当你已经完成了所要达到的目的，无论是谈成功还是失败，最好不要超过一小时，最短不要少于 15 分钟。话不能一次全说尽，要留有谈话的余地，也不要无话可说。在谈话过程中，不要大话空话太多，也不要去谈个人的隐私，更不要开无谓的玩笑。在兴头上，礼貌的告辞是第一次拜访客户最精明的做法。

还有一点也很重要，就是要做一个“守时有信”的人。拜访的时间如果确定了，一定不能迟到，最好能提前几分钟到达。在没进去之前，要熟悉熟悉资料，会面时最好提前两分钟进入客户的办公室。如果是没有预约的客户，在选择时间时，最好在上班后半小时或下班一小时之前。最忌讳快下班时去拜访客户，这会无形中拖延客户下班，占用别人的休息时间，自然不会对这么“没头脑的销售员”有好感。

仪态仪表要专业。

第一次会见客户，你给他留的第一印象是你的仪表，并与你销售的产品和服务联系起来。很难使客户相信一个衣冠不整，头发乱糟糟的销售人员可以提供高质量的产品和服务。下面的建议可以帮助你给潜在客户产生良好的第一印象：着装得体，郑重其事。比客户穿得好“一点”即能体现对客户的尊重，又不会拉开双方的距离，但切记不要别出心裁地过分装扮，比如把头发梳成又光又亮的大背头，喷很多古龙水等等。只要你的着装符合场合，行为庄重即可；不要在客户办公室抽烟，嚼口香糖或喝饮料；姿势端正，以示自信；所有的非必要之物要留在室外（如外套、雨伞或报纸等）；同潜在客户保持目光接触；紧紧地积极地同客户握手，同时保持目光接触，但如果要和女士握手，只伸出右手就好了，千万不要像做汉堡包似的，把人家的手加在中间，那样是极其不礼貌的；正确地称呼对方的姓名和头衔；在进入客户的办公室之后，一定要尽可能坐得和客户近一点，如有可能尽量坐和客户一样高的沙发或者椅子。有些新入行的销售员，不知出于何种胆怯，进门后虽然有好几张沙发可选择，却像受了什么委屈似的，坐得离茶几或者办公桌远远的，可这样不但不利

于谈业务，而且在气势上你就先输一步，就是能做成业务，价格上也要吃亏。经心理学研究，在商业谈判中，最好是在自己的地盘谈，如不可能，在他的地盘一定要尽量和他平起平坐，最好的距离是1．5米，这样他比较容易接受你，也比较容易平等交流。

微笑方针。

“我希望你向我保证，无论什么时候，当客户与你的距离在十英尺之内时，你应该微笑着注视他的眼睛，问他是否需要你的帮助。”这就是著名的沃尔玛的“八颗牙的微笑”方针。销售员要对拜访抱着热情积极的态度，在销售过程中要保持微笑。微笑可以向客户反映出一个积极的形象，表现你的友善，同时它也是与人沟通的催化剂。不一定人人都喜欢弥勒佛，但是很少有人讨厌弥勒佛。

开场白亦有学问。

不论是怎样的开场白，只要能吸引住顾客，让客户对你或者你的产品产生兴趣，有想更进一步了解的欲望的开场白就是好的开场白。迅速地切入生意正题，尤其在初次见面不熟或者与客户一个关键人物如繁忙的总经理见面时，与客户过多的闲聊可能是有害的，在开场白要尽量少花时间闲聊。

大家要记住，这世上并没有一种固化的开场白：随机应变是关键，和不同的客户面谈，针对不同性格的人、不同氛围的环境，不同层次的人，都要我们及时做出准确的判断，从谈吐、举止、专业知识等多方面给客户一个良好的第一印象，为最终销售成功做一个好的铺垫。

察言观色，投其所好。

在拜访客户时，大家可能常常会碰到这样的情况：对方不耐烦、不热情地说：“我现在没空，我正忙着呢！你下次再来吧。”那么销售员就要仔细分析了，对方说这些话时，到底属于以下的哪种情形？一是他确实正在忙其他工作或接待其他顾客，他们谈判的内容、返利的点数、出售的价格可能不便于让你知晓；二是他正在与其他的同事或客户开展娱乐活动，如打扑克、玩麻将、看足球或是聊某一热门话题；三是他当时什么事也没有，只是因为某种原因心情不好而已。

当然，第一种情形之下，销售员必须耐心等待，主动避开，或找准时机帮对方做点什么；第二种情形，大可“厚脸皮”地加入他们的谈话，以独到的见解引发对方讨论以免遭受冷遇，这时，要有能与之融为一体、打成一片姿态，要有无所不知、知无不尽的见识。在第三种情况下，那就最好改日再去拜访了，千万不要自找没趣，加深客户的厌恶。

永不言败。

客户的拜访工作是一场几率战，很少能一次成功，也不可能一蹴而就、一劳永逸。销售代表们既要为拜访成功而不懈努力付出；还要为拜访失败而多多总结教训。只有锻炼出面对客户的拒绝“不害怕、不回避、不抱怨、不气馁”的“四不心态”，才能说“离客户拜访的成功”又近了一大步！

5. 不和客户交朋友

有这样一则寓言故事：传说某座山上有一对刺猬，它俩是相亲相爱的好朋友。有一年冬天，天气非常寒冷，寒风凛冽，下着鹅毛大雪。它俩实在受不了这寒冷的天气，就想拥抱在一起，相互取暖。可是，它们各自身上都长着坚硬的刺，刚拥抱在一起，其中一只刺猬就痛苦

地大声喊叫："疼死我了！你离我远点！"于是，另一只刺猬就离开它远一点距离。这时，那只刺猬又大声喊叫起来："我冷死了，你就不能靠我更近一点么？"另一只刺猬只好说："好的。"它俩又拥抱到了一起。几经折腾，两只刺猬终于找到一个合适的距离，既能互相获得对方的温暖而又不至于相互被扎。

"两只刺猬"的故事放在你和客户的"交往所应有的距离"上，同样具有现实的指导意义。初入职场，可能有的销售人员为了尽快增广人脉提升业绩，就很想和客户"先交朋友，再做生意"，但却不知如果你和客户太熟悉了，"人情"甚至会影响到正常的合作，所以在某些层面上，和客户之间保持一定距离，甚至看上去"不近人情、不讲情面"并不是"赶客"，而是以更专业负责的态度对待客户，保证人家的最大利益。

周华大学毕业后自主创业，向父母借了一笔钱，在校门外开了一间小小的书店，因为他脑筋灵活，每次买进的书都能紧跟潮流不落时尚，而且新书也大方地打八五折，让附近的老师和同学都很高兴，纷纷来捧周华的场，有些"书痴"，几乎每个月都要在周华店里买上好几百元的书，算是他的"VIP"。但令大家纳闷的是，平时在校园里见到了，周华都友好热情，有次为了帮一个失恋的学弟排忧解难，还陪学弟在大树下站了整整两个钟头。但热情的周华，却在自己的工作场合变成另外一个人：即使面对"VIP客户"，他在店里最多也是微笑示意，并不会主动殷勤攀谈，也没有让任何一个"VIP客户"受到什么特殊重视。

时间久了，就有人忍不住问周华："如果是饭店看到'VIP'来消费，那些服务员都热情得像是财神爷进了门，一窝蜂地赶上来伺候'VIP'，好茶水供着，热毛巾托着，灿烂的笑脸欢迎着，让客户感到浓浓的‘朋友情谊’，哪里像你这么不温不火的，一本正经扮酷，也不知道和‘VIP’拉拉近乎！”

周华笑笑并不做太多解释，就有人猜测：他开的书店位置得天独厚，而且种类齐全，还打八五折的诱人折扣，价格方面无可挑剔。周华不和“大客户、老顾客”套近乎，不是他为人冷漠不热情，更不是不懂得客户的重要性，而是将更多精力放在自身修炼上了：只要我做到最好，不愁没有客源。但大家又思考了：如果周华提供的服务更热情一点，生意会不会比以往更好呢？

有次周华多喝了两杯，酒后对想学习他创业的学弟吐了真言：“顾客太熟悉了就要求我们给他打个大的折扣，而我们没有这个权利，拒绝了很伤顾客的面子，所以太熟悉了反而不好。”为周华瞎操心的客户们回头再想想，确实是这样的：如果周华很重视某客户，而客户也知道自己是“高级 VIP”，心理难免会膨胀，产生这样那样的要求，而周华碍于面子问题，必然不好处理，但若再给客户更多优惠，又会大大增加他的经营成本，弄得进退两难，不好处理，于是，他干脆采取了一个不和任何客户交朋友的“高明策略”。

以前有人大力鼓吹“朋友经济”，即是将客户统统转变为朋友后，就能带来利益最大化的双赢局面。其实在具体操作中，这只是一种一厢情愿的美好想法，所谓“朋友经济”只能用来调侃，不能在现实中“兑现”。因为只要有利益的地方必定有风险，有营利，也可能有亏损，这两种可能性对朋友来说都很难一起去面对。如果选择和“客户朋友”共同参与一件利益相关的事情，利益尚且会带来不稳定的东西，引起小小冲突，产生彼此间不应该有的不愉快。而亏损就更难一起承受了，很多合作过程中称兄道弟交情“铁硬”的朋友，却在亏损关头互相指责彼此攻讦反目成仇。

吉利在做医药代表时，就犯下这样一个严重的“交友错误”。那时吉利机缘巧合，遇到了一个大公司的总经理，他和吉利很投缘，合作之前两人已经推杯换盏，结为莫逆之交，为了帮助吉利，更是费了九牛二虎之力，帮吉利打开了某市市场，并为公司省下了几十万元的开发资金和两个月的开发时间。这个业绩在吉利的公司引起轰动，吉利也因此得到公司高层领导的高度赞赏，随即吉利还被提拔为北方大区 16 个省市的经理。

当然，吉利和这位总经理结下了深厚的兄弟之盟。有天，他请吉利到他姐夫家里去玩，并请他吃了丰盛晚餐。没过几天，这位总经理对吉利说：“贵公司在我市缺少一位地区经理，是吗?”吉利点点头：“是啊，的确有这个事。”他接着问：“那你看我的姐夫如何，是不是可以聘他为我市的经理呢?”吉利暗暗吃了一惊，但碍于面子，还是微笑着回答：“让我先回去向公司汇报一下，再给你答复好吗?”其实吉利十分清楚地知道公司的人事原则：客户的亲属不能聘为公司的员工，何况还是如此重要地区的经理，他又怎能向公司请示呢？过了几天，吉利请这位总经理，万分歉意地对他说：“公司不同意聘请你姐夫，我实在没有办法，请您多多原谅。”没想到他竟然表现得很愤怒，十分生气地责怪吉利“忘恩负义”，他气愤之极地跟吉利划清界限：“我对你这么好，真心把你当朋友，你竟然连这点小忙都不肯帮我，还算什么兄弟?”从此以后，吉利就这么和这位恼羞成怒的总经理恩断义绝了，他也失去了一位非常好的朋友。这就印证了莎士比亚的名言，即：为人要随和，但不可流于粗俗。相知有素的朋友，应该用钢圈箍在你的灵魂上；然而，不要对每一个泛泛的新知滥施你的情谊。

孔子曰：“过犹不及。”销售人员要搞好销售工作，既要与客户保持亲密关系，又要保持心理距离，避免在销售工作中丧失原则，掌握好人际交往中的“心理距离效应”，不和客户做朋友，才是上佳选择。

客户并不是因为你是一个朋友才信任你，而是因为你专业、客观和公正才信任你的。想一想大家生病去看医生的例子吧，病患在医生面前都会知无不言，言无不尽，而对朋友甚至亲人却时常遮遮掩掩甚至守口如瓶。除去特殊情形我们不难发现同样一个简单的事实：正是因为医生的专业、客观和公正才让病患产生了信任，而这份信任也正是源于没有私下的友谊，因为所谓的友谊反而会妨碍医生做出专业、客观和公正的诊断和治疗方案。所以当医生的亲属需要动大手术时，院方一般都会贴心地安排该医生采取回避方针，就怕太过亲密的关系反而会影响医生的专业判断。

请大家务必牢记：客户永远是客户，请用专业的方法和他们打交道，别做一个像“医托”一样虚情假意的朋友，而要做一个像“医生”一样客观公正的专家！

6. 帮客户找对手，成就自己

能拥有“忠诚不贰坚决挺你的大客户”大概是很多销售人员心中的美梦，但大家必须首先承认一个现实：处于活跃且开放的商业市场，竞争对手无处不在，避无可避。对客户而言，既然能选择你合作，当然也能选择你的竞争对手，“双向选择”是客户所拥有的自由和权力。那么，与其回避竞争对手的存在，还不如主动出击，帮你的客户找寻对手，在此过程中充分展现实力，说不定反而会成就自己。本

杰明·富兰克林早就谆谆教导大家：不要说别人不好，而要说别人的好话。大多数情况下，不失时机地夸赞竞争对手，可以取得意想不到的效果。

严迅是一家生产高端艺术壁挂的厂商，某天他接到一个女客户电话，询问“毕加索壁挂”的详细情况。严迅对客户做了详细耐心的产品介绍后，了解到客户是一个很有实力的壁挂批发商，而且因为客户现在所在的城市还是严迅壁挂厂的销售空白区，女客户现正需要很大数量的壁挂成品，于是严迅很有信心和把握攻克下这个新客户，拿下大订单，于是热情地邀请客户到厂里来看看。

两天后，客户从她所在的城市赶往严迅壁挂厂所在的城市。严迅派司机去机场接女客户，并亲自陪同她到库房看货，去生产线看工人有条不紊的生产景况。女客户一直点头微笑，但并没立即决定签订合同。在回办公室的路上，女客户直爽地告诉严迅，对他厂家生产的壁挂非常满意，但她事先已经联系好该市另外一家壁挂厂，她要去别家看看再下最后决定。说完之后女客户掏出手机和另外那家壁挂厂的厂长打电话。严迅尊重女客户要货比三家、综合比较之后才决定选择哪家为供货商，于是礼貌地退回办公室等候。等了好一会儿没见女客户进来，他出门请女客户先坐下喝喝茶，一边休息一边等对方厂家来接她，女客户满脸迟疑地踌躇了一会，还是不好意思地开了口，说那个厂的厂长正在外面处理重要的事，不能派车来接，这里是郊区，不容易打车，于是让她自己坐公交车过去，但她初来乍到，的确不知道在哪里坐公交车？

严迅问清楚女客户将要去看的工厂名字，吃了一惊，因为大家都是同行，他对那家工厂的老板也挺熟悉，他的工厂离自己的厂还不到五里路，严迅暗想竞争对手真的有事脱不开身？还是不好意思来我厂里接客户？或者耍大牌？但时间容不得严迅诸多猜测，看女客户的样子很想去他竞争对手的厂里看看，又为难于不知如何坐公交车，于是严迅叫来司机，爽快地吩咐司机送女客户过去。女客户一听，尴尬极了："哎呀，这怎么好意思麻烦你呢？算了算了，我还是坐公交车过去吧……"

严迅马上出言温和地制止了女客户："坐公交车很不方便，一个女同志出差人生地不熟的，在陌生地方迷路就不好了。你来我的厂里就是我的客人，怎么能让你坐公交车走呢？我对我的产品质量有信心，我的报价也最有竞争性。再说，就算不能合作交个朋友也很好啊，多个朋友多条路嘛。"汽车启动，严迅又嘱咐司机一切要听女客户的指挥，傍晚把客户安顿好宾馆再回来。

女客户感动极了，摇下车窗对严迅说："你人太好了，我一定会回来的！"

严迅当时并不对订单报十足把握，但仍旧微笑着回答："欢迎您回来，那我在厂里等您哦！"

下午四点，司机打来电话，说女客户看过严迅竞争厂家的产品后，要回来和他协商合作事宜，正式签订合同！

就这样，毕恭毕敬帮客户找到竞争对手的严迅，反而因为他的真诚和大度，赢得了客户的心，成就了自己的业绩，客户认可了严迅为人，当然愿意和他做生意！

那么，销售人员要如何才能帮忙客户找竞争对手，通过展开公平竞争，从而展现自己优势，从另一个侧面"助自己一臂之力"，达到商业目的呢？

首先，销售人员应充分了解竞争对手。销售人员掌握竞争对手的信息除了可以为自己的销售活动提供一定的参考和借鉴作用，也可以应付客户询问，使客户的信息需求得到满足。

如果销售人员对竞争对手的相关信息了解得不够充分，客户就会认为你不够专业，或者认为你的产品不如竞争对手的更有优势，这很可能会让客户放弃购买决定。当销售人员对竞争对手的相关信息了解得非常充分和深入之后，如果客户针对竞争对手的信息提出询问，一些人认为最好的办法就是当作没听见，或者想办法敷衍过去，把客户的注意力转移到本公司的产品上来，或随便用一些竞争对手的缺点或问题来搪塞。销售人员无论选择彻底放弃客户，还是选择散播谣言，都不是上上策。当客户询问竞争对手的有关信息时，销售人员不仅要坦诚地告诉他们最真实的信息，而且还要针对客户的需求为他们提供最体贴的建议。当你真心诚意地满足客户需求的时候，相信一定会得到应有的回报。

其次，客观公正评价竞争对手。当评价竞争对手时，一些销售人员往往带有一定的主观感情色彩，这种感情色彩自然是消极和贬义的。

贬低竞争对手难道真的就可以抬高自己吗？全美推销高手汤姆·霍普金斯告诉我们，这种想法最好不要产生，因为那是非常愚蠢的。当汤姆·霍普金斯从事房地产交易员的工作时，他的一位名叫艾可的同事对汤姆取得的超高业绩感到非常嫉妒，他把汤姆视为事业发展道路上的眼中钉。一次，艾可接待了一位有意向购买三套房子的客户，这位客户是汤姆的一位老客户介绍来的，因此他希望能够由汤姆为他提供服务。但当时汤姆并不在现场，而且根据房地产交易所的规定，客户一般情况下应该由第一次接待他的交易员接待，于是艾可开始带着客户四处看房子。在带着客户四处转的时候，艾可一有机会就向客户贬低汤姆，他说汤姆为人虚伪狡诈，而且有过欺骗客户的经历等。可出人意料的是，第三天客户打来电话，说他不准备通过这家房地产交易所购买房子了，原因是“连汤姆那么知名的优秀交易员都如此不可信，那么这家公司一定不值得信赖”。得知了事情真相的交易所经理当即决定辞退艾可，他的偏激谬评反而让自己陷入失业泥沼。

其实对于竞争对手的评价，最能折射出销售人员的素质和职业操守。销售人员最好保持客观公正的态度评价竞争对手，不隐藏其优势也不夸大其缺点，让客户从你的评价中既可以了解相关的信息，也可以感受到你的素质和修养。

最后，竞争对手也可以互通有无。俗话说“众口难调”，客户的需求总是各不相同，而企业开发产品的能力又是极其有限的，这就使得客户需求和产品特点之间经常出现矛盾：客户的某些需求，你所销售的产品根本无法满足，而你可以满足的某些条件又不符合眼前客户的需求。如何解决这一矛盾呢？借助竞争对手的力量常常可以在满足客户需求的同时使你获得新的客户资源。竞争对手和你的关系并不是如同水火般势不两立，由于客户需求和自身产品特点之间的差异，竞争对手之间常常可以取长补短、互通有无。

把那些需求特点更符合竞争对手产品的客户大大方方地“出让”，这绝对不是给自己拆台，更不是“长别人志气，灭自己威风”，而是真正站在客户立场上为满足客户实际需求而服务，你的这种付出一定会获得相应的回报——客户会充分感受到你对其的好意，当他们下次有需求时，一定会首先考虑到你，而且他们还可能为你带来更多的客户资源；竞争对手也会因为你的大度而不再吝惜那些不适合他们而却非常适合你的客户资源。可以说，这是一种多赢的良好结局，而这一切都必须建立在真心诚意为客户着想、为客户服务的基础之上。

7. 与客户交往有禁忌

古语有云：非战之罪。有一层意思就是指如果某件事因为一些无法改变的客观因素而失败的话，就不需要责怪自己。现代职场中人，常常会因“非战之罪”而输得一败涂地，百般委屈，其实有时候你输败于客户，令自己和企业利益受损，并不是因为“硬件不行”，而是犯了“交往大忌”。

在《现代汉语词典》中对“禁忌”做了这样的解释：犯忌讳的话或行动。在现实生活中，不论做什么事，都要知道什么是应该做的，什么是不应该做的。应做的没做，不应做的做了，都会使自己和企业蒙受不必要的损失。

试想一下，在会见、拜访客户时，你是否曾经做出令客户尴尬的举动，是否曾经有过不欢而散的难堪？在向客户推介产品时，你是否曾经遇到过客户“莫名其妙”的不满或拒绝？在与客户沟通时，你是否曾经说了一句不恰当的话，令别人大为不满，以致丢掉一笔即将签约的生意？

无疑，在与客户交往时，触犯他人禁忌，是销售与服务中最大的失误。因此，了解客户的种种禁忌，掌握规避禁忌的知识和方法，是企业中的任何一个员工都必须掌握的技能。只有明确与客户交往时易犯的禁忌，才不至于违规犯忌，才能成功地与客户达成交易、更好地为之服务。

忌忘记客户姓名或搞错别人的职务、身份。在与顾客交往时，忘记或读错客户的姓名、职位，看起来可能是一件小事，却会让对方觉得你丝毫不尊敬他，把整个沟通氛围变得很尴尬。

忌衣着、仪表过于随便。因为仪表、仪态能够有机地结合商品和销售者，展现出容易让客户接受的观念与想法，可以快速、直接地获得他人信赖。然而，许多业务人员时常出现不当的衣着、仪表或者习惯，这些不良的姿态直接或间接地导致销售上的障碍。

忌不会察言观色、区别对待。与客户洽谈时，要观察对方的表情、态度、举止行为和所处的环境。总之，观察对方的一切，从中找出洽谈的适宜话题及交谈重点，掌握对方心理，再配合有针对性的语言说服，掌握洽谈的主动权，轻松进行引导。

忌不重视顾客信息的搜集。在展开推销活动之前，推销人员除了要对本企业、所推销产品以及竞争对手的情况进行必要了解之外，还要重视顾客信息的搜集，否则推销人员可能会使自己陷入非常尴尬的境地。

忌盲目拜访。拜访客户一定要有明确的拜访目的，懂得如何控制拜访时间，以及灵活应用商谈技巧。如果别人需求微弱，或没有时间，或时机不妥，拜访只会徒增烦恼，浪费时间与精力。

忌不能选准拜访的最佳时机。很多时候，如果在不适当的时间与客户进行交流，客户很可能会认为自己的事情受到了打扰，通常都不会达到预期的沟通效果。

忌态度冷淡。与客户交往时，招呼用语要专业、职业、合适；态度要热情诚恳，不急不躁，落落大方；在介绍商品时，要见机行事，当好“参谋”。一些业务员对招呼语的重要性缺乏正确或足够的认识，他们不屑与人打招呼，甚至还把主动与客户打招呼看成是一种低三下四的表现，在不得不打招呼时显得冷淡、生硬，这是不专业、缺乏职业素养的表现。

忌慢待或歧视自认为不重要的客户。“所有客户一律平等”，假若歧视自认为不重要的客户，损害的

必定是服务提供者本人或产品的销售者，而对于需要服务的客户而言，完全可以选择另外一位供应商。

忌不熟悉产品知识。推销员一定要了解所推销的产品，只有了解自己的产品，才能详细地向顾客说明产品功能有哪些，质量怎么样，圆满地回答顾客疑问，消除异议，以便达成交易。

忌不了解客户的需求和意愿。没有了解他人真正的需求，以自我为中心，完全站在自己的角度上对产品进行理解，忽略了客户的意愿、感受和利益，完全从个人意图出发，其结果却是招致他人反感，被勒令离开。

忌因客户拒绝而轻易退缩。“推销，当被拒绝时开始。”这是有名的推销保险专家，被称为世界第一的雷德曼的一句名言。许多性急的业务员一听说准客户还要考虑、还要再看看就灰心丧气，以为别人对商品不感兴趣了，于是轻易地放弃了继续推介的努力。本来，准客户还有意向，但受业务员消极态度影响，只好购买别家的产品。

忌坑蒙拐骗，不为客户着想。许多客户都抱怨业务人员“奸诈”，可能他们当中的大多数人都有过被欺骗的亲身经历，以至于一听到“推销员”就觉得是忽悠人的。事实上，的确有一些业务人员处心积虑地“对付”顾客，为了追求一时的销售额，只顾自己的利益，不考虑客户的实际需求。

忌让客户等得太久。当代生活是快节奏的，时间对每一个人来说都是十分珍贵的，长时间的等待是所有人都忍受不了的。曾经有一个组织做过一次调研，调查消费者最不能忍受的不良待遇，其中“等待时间太久”最终占据榜首，“等待时间太久”会使一个企业在客户心里的印象大打折扣。

忌不尊重客户或让客户感到难堪。大家在沟通中要充分尊重客户，不能让对方感受到你的讽刺，尤其当客户有缺陷或不足的时候，更不能够以直言方式相告，否则客户内心将会产生极大的反感并导致情绪的发作。

忌指责或怀疑客户。对于业务员来说，客户就是衣食父母，更没有资格指责客户了。指责是危险的，因为它伤害他的自尊感，其结果是激起他的反感。给客户留下坏印象是很容易的，要改变坏印象可就真难于上青天了。

忌重推销，轻服务。作为一个业务员，要想令客户信赖和满意，你就必须兑现自己对客户做出的承诺，如果在销售沟通的过程中，对于客户比较关心的问题，业务人员应该给予承诺的都不能给予及时承诺的话，客户就会对产品或服务增加疑虑，从而不利于接下来的沟通。

忌不能兑现对客户的承诺。有些业务员一旦将商品售出，就认为万事大吉，营销活动即告终结。其实不然，推销业界有句名言："成交之后才是推销的开始。"就是说，在达成交易之后，做好客户的售后服务很重要。无论多么好的商品，如果服务不完善，客户无法得到真正的满足；如果服务方面有缺陷，就会引起客户的不满，从而丧失商品的信誉，也使得业务员的销售工作前功尽弃。

忌不能处理顾客的不同意见。客户有误解，也决不能与之进行争辩。与客户争辩只会使对方更加情绪化，使事情变得更加复杂甚至恶化，结果是赢得了争辩却失去了客户与生意。

忌不会解决顾客的抱怨或投诉。遇到投诉的客户，一定要诚心诚意地与之沟通意见，了解他的真正意愿，了解事情的每一个细节，确认问题的症结所在，并利用纸笔将问题的重点记录下来。如果对于抱怨的内容还不是十分了解时，可以在客户将事情说完以后再请问对方。

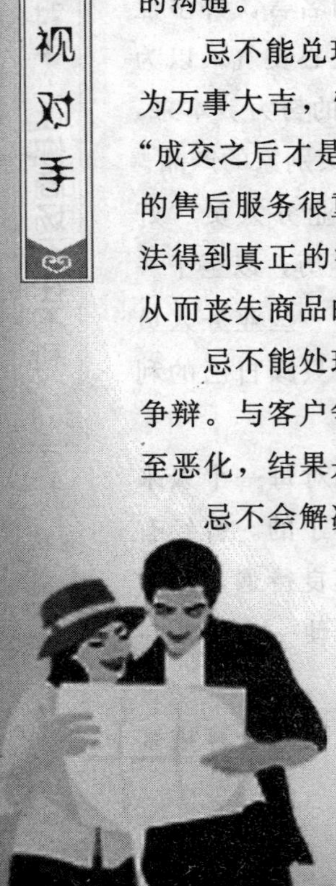

对于有抱怨或要投诉的客户来说，大多数人都能够原谅业务员一次不经意的错误，或公司的产品缺陷，但他们不能够接受的是处理问题时不友好的态度，或因处理态度不当而给自己带来的不快。

忌不重视达成交易后与顾客的联系。许多业务员都抱怨很难增加客户，整天忙于联系新客户，与客户成交之后，又不与老客户保持联系，甚至在产品出现问题之后也摆出一副事不关己的模样，那么客户再有需求时还会考虑购买你的产品吗？如果你放弃与客户的联系，那么客户很快就会把你完全忘记，你在此之前与之建立的联系都将功亏一篑，你只能再花更大的精力去寻找新的客户。没有老客户做稳固的基础，对新客户的销售也只能是对失去的老客户的抵补，这是与客户交易完成后的大忌。

8. 细节赢得客户信赖

细节是什么？细节就是那些琐碎、繁杂、细小的事，因为我们日常大量的工作就是这些琐碎、繁杂、细小的事的重复。伴随着商战的日益激烈，除了传统内容外，一种新型的服务形式——细节服务横空出世，即以完善的细节来赢得顾客，越来越受到经营者们的青睐。如果企业职员能关注细节，为客户做好细节服务，就一定能提高服务质量，提高客户满意度。

细节决定成败，只有关注好每个细节，才能赢得客户的信赖，只有赢得客户信赖的人，才是最成功的人。身为职场中人，你有义务去赢得客户的信赖，你也有权得到客户的信赖。与客户交往的每个细节，都是赢得客户信赖所必不可少的关键要素。因此，我们必须从与客户交往中的每个细节开始抓起，一点一滴去培养和获取客户的信赖，只有认真做好每一件事，注意好每一个细节，才可能赢得客户的尊重和信赖，从而实现自己的人生抱负。

陈辉看上去二十出头，其貌不扬，但谁能想到他是连续三年荣登公司排行榜的“金牌房产经纪人”呢？要说“硬件设施”，陈辉无疑比其他同事薄弱：中专学历的他，毕业后留在都市独自闯荡，既没有背景靠山，也没有积累下来的广博人脉，一切都只能从零开始，但他却凭借“细节”二字，赢得无数客户信赖，也为自己创造了奇迹般的佳绩。

陈辉觉得一个有责任心的房产经纪，应该尽力面对每一个细节，要准确知道并尽量达成客户需求。买房卖房总有客户的目的，经纪人要从客户目的出发，多多注重细节。比如客户卖房是急需用钱，他想知道什么时候能拿到贷款、能贷多少钱、需要什么流程、要怎么操作？这时候，经纪人不能只为了达成交易而胡乱推测，而要了解清楚，告诉客户具体的情况，好让他有所准备。比如客人买房是为了让子女有机会读名校，你把条件不能读那所学校的房子卖给他，短期是赚到了钱，但是，从长期来看，信誉受损，得不偿失。如果你注重细节，严格要求自己，日积月累，路就会越走越宽。

陈辉曾开玩笑说，除了睡觉和洗澡，我身上无时无刻都带着一个小本子和一支笔，那纸笔有什么作用呢？陈辉竟然是用来记录一些看上去“没价值、不起眼”的客户信息。他一脸憨厚的笑，解释说有些信息如果不及时写下来，就会很快忘记。比如说：在交往过程中得知客户儿子即将准备高考、家里最近要办喜事等等，陈辉都会细心地做好备注，并在手机中设好“定时提醒”，以便及时给客户发送祝福短信，切实关怀客户。有次陈辉在帮一位客户处理二手房买卖时，

无意中得知客户之所以急于出手房子，是因为三岁的小儿得了重病，需要一大笔医药费，因为陈辉及时向上级反馈了意见，不但为客户争取到一个很合理的价格，而且还在上级领导的发动下，房产公司上下员工为这个不幸的重病小朋友爱心募捐，祈祷他早日康复。就因为陈辉能将点滴细节都处理得极为完美，不但自己业绩超群，收入早就超过了学历比他强的同事，还让陈辉切实赢得客户的信赖，每当逢年过节，客户都纷纷拉陈辉去自己家里聚餐，以感谢他的无私付出。

我们考验一个人的能力到底有多强大？其实是通过一个又一个的细节来展现的，卡耐基就曾经说过："不要害怕把精力投入到似乎很不起眼的工作上。每次你完成这样一件小工作，它都会使你变得更加强大。如果你把这些小工作都做好了，大的工作往往就迎刃而解了。"在和客户交往时，那些琐碎的看似不起眼的小事，如果你能有个漂亮的处理态度和方法，也许就能无意间碰到一个改变你命运的契机，从而将工作越做越出色！

朱瑶是一家汽车 4S 店的销售顾问，某天在门厅接待了一位女客户，她进入展厅后非常茫然，每款车型都拿了一份资料，然后坐在椅子上自己研究，朱瑶便过去，专业而礼貌地为她详细介绍每一款车型。这位女客户话很少，只是说要回去考虑考虑，但就在她起身准备离开时，发现钱包不见了，说有可能是在公交车上不小心弄丢的。看到女客户满脸沮丧，朱瑶马上从自己钱包里掏出 10 元钱，说让她坐车。女客户很不好意思，她讪讪说又没有决定买哪款车，怎么好向朱瑶借钱呢？朱瑶却微笑着说相信她，买不买车都无所谓，出门在外，总有不方便的时候，就算一个陌生人，她也会伸出援手的。

这位女客户听了之后，接过钱说一定会还的。朱瑶本没把这件事放在心上，没想到一个礼拜后，女客户真的特意过来还钱，还说已经考虑好买哪款车了，本来犹豫不决，不知道买哪款，后来没想到发生了这样一件小事，她就对朱瑶所在的4S店的印象非常好，结果就顺利成为一位新客户，她还经常打电话给朱瑶说，身边有哪个朋友想买车，为她介绍新客户。

试想，如果朱瑶在不确定女客户是否要在4S店消费时，看到她丢失钱包没零钱回家都漠不关心，又何来后面的全心信赖与顺利合作？所以啊，一个人如果能养成注重细节、谨慎细心的工作习惯，那他也就握住了客户的心，得到了通往成功的密钥。

客户需求无小事，如果企业能够洞悉“小事”并提供相应的服务，就会获得更多的客户。

张江是飞来飞去的培训师，有次他在课上讲了“关于枕头的经历”：由于经常要穿梭于各个城市讲课，入住酒店就成为家常便饭。他这个人有个怪毛病——喜欢睡高枕头，自我解嘲说是“高枕无忧”。在外地培训，他通常都是一个人住一个标准间，总是把另一张床上的枕头放在自己床上。往往在第二天，客房的服务员都会把他移动过的枕头放回原位。一来二去，他觉得总是麻烦服务员，自己都不好意思了。于是就养成一个习惯，第二天总要自己把移动过的枕头放回原位。有一次出外讲课，由于实在劳累，第二天起床后就把换回枕头的事忘了，晚上回到房间，却发现了一个小小的变化。枕头变了，下层是一个普通枕头，上层是一个散发淡淡药香的保健枕头，而且比普通枕头高了一些。再一看，床头柜上有一盒“金嗓子喉宝”，另附一张便条：本酒店欢迎你的入住，并感谢你能来本地授课，为表示本店心意，特送上一盒“喉宝”。落款是酒店客房部经理的签名。从此以后，他对这家酒店的印象特别深，一有机会到这个城市，

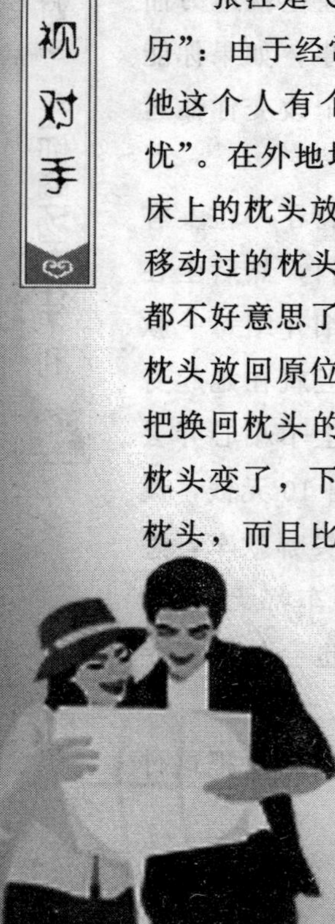

不仅自己入住，而且大力介绍朋友入住。

“把每一件简单的事做好就是不简单，把每一件平凡的事做好就是不平凡。”大家可别小看与客户交往沟通的一些小细节，有时候，细节可以决定你是否能赢得客户的好感和交易，赢得客户的忠诚和赢得订单往往要从每一个细节“较劲”——只有你的每个细节都比竞争对手多做一些，让客户满意度更高一些，那么你在客户那里的总分才会真正胜出。

在这个产品日益同质化的时代，要创造差异化竞争优势，唯有通过“细节制胜”。只有敏锐地抓住客户需求不断变化的趋势，以一些细节的小举措，最大限度地满足客户需求，体现以人为本的经营理念，最终才能赢得客户的心，在激烈的市场竞争中占有一席之地！

9. 陪客户吃饭有规矩

吃饭还有“规矩”？看到本节我们要讨论的这个小主题，你可能会觉得很滑稽吧？心想吃饭谁还不会呀？端起碗，拿起筷子，送到嘴边，轻轻一拨，就算完成。但你还别说，职场上竟真有因为“不会吃饭”而耽误前程的事情！

张君念大学时号称“中文系第一才子”，毕业后经过好几年的努力，终于考上了政府机关的公务员，专门从事文字材料工作。有一次，上级机关来了两个客人，中午安排到宾馆吃饭。单位领导考虑到来的客人也是搞文字工作的，所以就让张君和自己一同去作陪。没想到，吃完饭回到自己的办公室，这位领导便大发雷霆，并立即找到组织部门，要求把张君赶紧调走，原因就是他“不懂规矩”。原来，吃饭时本应该单位领导坐在主陪的位置上，而张君却毫不客气地坐到了两个来宾的中间。还有，一桌人坐好之后，领导还没有发话，而这个狂妄自大的年轻人却抢先发言："来，咱们整一杯！"这在外来客人的面前，领导的脸往哪里搁呢？很快，这个年轻人被调到了基层，一个很不起眼而且要得到提升可能性基本为零的地方。关于张君"不会吃饭"的笑话，也在官场中广泛流传，他走到哪里，都被人指指点点，弄得原本才华横溢的张君性格日渐孤僻阴郁，最近还饱受失眠困扰，身体健康出现严重问题。

其实吃饭的规矩，并非都是领导"作秀摆谱"，而是一种传统、一种礼仪、一种学问、一种文化。因为不会吃饭而闹出笑话影响前程，的确不值得，所以大家真的很有必要好好学习一下。和客户吃饭，到底有哪些注意事项呢？

关于座次。总的来讲，座次是"尚左尊东"、"面朝大门为尊"。若是圆桌，则正对大门的为主客，主客左右手边的位置，则以离主客的距离来看，越靠近主客位置越尊，相同距离则左侧尊于右侧。若为八仙桌，如果有正对大门的座位，则正对大门一侧的右位为主客。如果不正对大门，则面东的一侧右席为首席。如果为大宴，桌与桌间的排列讲究首席居前居中，左边依次 2、4、6 席，右边为 3、5、7 席，根据主客身份、地位，亲疏分坐。

如果你请客户吃饭，就应该提前到达，然后在靠门位置等待，并为来宾引座。

关于点菜。如果时间允许，你应该等大多数客人到齐之后，将菜单供客人传阅，并请他们来点菜。重要的是要多做饭前功课，选择合适档次的请客地点是比较重要的，这样客人也能大大领会你的预算。点菜时，首先看人员组成，一般来说，人均一菜是比较通用的规则。如果是男士较多的餐会可适当加量；二看菜肴组合。一桌菜最好是有

荤有素，有冷有热，尽量做到全面。如果桌上男士多，可多点些荤食，如果女士较多，则可多点几道清淡的蔬菜。三看宴请的重要程度。如果宴请的对象是比较关键人物，那么则要点上几个“够份量”的菜，例如龙虾、刀鱼、鲥鱼，再往上规格一点，则是鲍鱼、翅粉等。还有一点需要注意的是：点菜时不应该问服务员菜肴的价格，或是讨价还价，这样会让你在客户面前显得小家子气，而且客户也会觉得不自在。

关于吃相。中国人一般都很讲究吃，同时也很讲究吃相。随着职场礼仪越来越被重视，商务饭桌上的吃相也更加讲究。中餐宴席进餐伊始，服务员送上的第一道湿毛巾是擦手的，不要用它去擦脸。上龙虾、鸡、水果时，会送上一只小小水盂，其中飘着柠檬片或玫瑰花瓣，它不是饮料，而是洗手用的。洗手时，可两手轮流沾湿指头，轻轻刷洗，然后用小毛巾擦干。用餐时大家要注意文明礼貌，对外宾不要反复劝菜，可向对方介绍中国菜的特点，吃不吃由他。有人喜欢向他人劝菜，甚至为对方夹菜。外宾没这个习惯，你要是一再客气，没准会引起人家反感。

夹菜要文明，应等菜肴转到自己面前时，再动筷子，不要抢在邻座前面，一次夹菜也不宜过多。要细嚼慢咽，这不仅有利于消化，也是餐桌上的礼仪要求。绝不能仪态全无，大块往嘴里塞食物，狼吞虎咽，这样会给客户留下贪婪印象。用餐的动作要文雅，夹菜时不要碰到邻座，不要把盘里的菜拨到桌上，不要把汤泼翻。不要发出不必要的声音，如喝汤时“咕噜”声，吃菜时的“叭叭”响，这都是粗俗表现。

不要一边吃东西，一边和人聊天。嘴里的骨头和鱼刺不要直接吐到桌子上或地板上，可用餐巾掩口，用筷子取出来放在碟子里。进餐过程中不要玩弄碗筷，或用筷子指向别人。不要用手去嘴里乱抠。用牙签剔牙时，应用手或餐巾掩住嘴。不要让餐具发出任何声响。

用餐结束后，可以用餐巾、餐巾纸或服务员送来的小毛巾擦擦嘴，但不宜擦头颈或胸脯。餐后不要不加控制地打饱嗝或嗳气。

关于喝酒。领导相互喝完才轮到自己敬酒，敬酒一定要站起来，双手举杯。可以多人敬一人，决不可一人敬多人，除非你是领导。自己敬别人，如果不碰杯，自己喝多少可视情况而定：比如对方酒量，对方喝酒态度等，切不可比对方喝得少，要知道是自己敬人。记得多给领导或客户添酒，但不要瞎给领导代酒，就是要代，也要在领导或客户确实想找人代，还要装作自己是因为想喝酒而不是为了给领导代酒而喝酒。

在陪客户吃饭时，还有一些针对不同个体的注意事项：

客户有无宗教的饮食禁忌？例如，穆斯林通常不吃猪肉，并且不喝酒。国内的佛教徒少吃荤腥食品，它不仅指的是肉食，而且包括葱、蒜、韭菜、芥末等气味刺鼻的食物。一些信奉观音的佛教徒在饮食中尤其禁吃牛肉，这点要招待港澳台及海外华人客户时特别要注意。

了解客户健康状况。出于健康的原因，对于某些食品，若陪同的客户身体不适合，也要有所避忌。比如，心脏病、脑血管、动脉硬化、高血压和中风后遗症的人，不适合吃狗肉，肝炎病人忌吃羊肉和甲鱼，胃肠炎、胃溃疡等消化系统疾病的人也不适合吃甲鱼，高血压、高胆固醇患者，要少喝鸡汤等。

饮食习惯的“地区化”考虑。不同地区，人们的饮食偏好往往不同。对于这一点，在安排菜单时要兼顾。比如，湖南、四川等省份的人普遍喜欢吃辛辣食物，少吃甜食；而江浙一带却喜欢清淡或带甜味的菜

肴。英美国家的人通常不吃稀有动物、动物内脏、动物的头部和脚爪。另外，宴请外宾时，尽量少点生硬需啃食的菜肴，外国友人在用餐中不太会将咬到嘴中的食物再吐出来，这也需要顾及到。

感情深，无需“一口闷”。以前一提到陪同客户吃饭，大家便条件反射地想起“无酒不成席”，开始为即将到来的“一口闷”咬牙作思想准备，但事实上，有些职业，出于某种原因，在餐饮方面往往也有各自不同的特殊禁忌。例如，国家公务员在执行公务时不准吃请，在公务宴请时不准大吃大喝，不准超过国家规定的标准用餐，不准喝烈性酒。再如，驾驶员工作期间不得喝酒。要是忽略了这一点，还有可能使对方犯错误。

大家应该有这样一个意识：陪客人吃饭，犹如“醉翁之意不在酒，在于山水之间”，而你在“吃饭”这等暗藏礼仪、文化、修养、素质的“营销必修课”上圆满毕业了，才能和客户取得更好的沟通，彼此更好的合作，从而双方建立长期友好的合作关系！

10. 完美战胜难缠客户

很多同样做销售的朋友，喜欢提一个“不服气”的问题：我觉得自己已经做得很完美啦，为什么同事某某月收入可以达到六位数，而我还不到可怜的四位数？有可能答案就在于：人家能完美战胜难缠客户！

当然喽，做业务的谁不希望遇到脾气好心眼好的客户呢？除非是天生受虐狂，否则谁都不喜欢碰上难缠的客户。但事实上，这种天真愿望发生的几率，就如同你买六合彩中头奖一样，可以说是微乎其微“接近于零”。另外再想想，如果你所有的潜在客户，不论你卖什么，订多高的价，他们都照单全收而且丝毫不杀价，那你的客户已经“好说话”到如此地步了，公司还需要你干吗呢？你的公司只要透过大量的广告、邮件、传真和网络营销，就能做成可观的生意。那么，身为业务人员的你，就完全失去了存在的价值。

不论你在哪里销售、销售哪些东西、如何销售，早晚一定会碰上一些不爱说话，固执、惹人厌、爱找碴的顾客，而你绝对有机会和他们做成生意。做业务，就有业绩的压力，也代表着，你必须尽可能突破每一个接触到的顾客，包括：最难缠的顾客！

请相信这样一个多少让人心生沮丧的事实吧：遭遇“难缠客户”是避无可避之事，因为这些难缠客户能增强你的销售技巧，不但让你保住饭碗，而且还能让你大幅增加收入，提升生活水平。如果你能完美战胜难缠客户，不但能从他们身上赚到更多的钱，达到你所期待的业绩目标，而且还能大大提升你的业务素质，令你迅速成长。怎样，难缠客户已登门造访，Are you ready?

先稳定心情，再处理心情。难缠客户的行为千奇百怪，但有一个共通的特色，就是：大喊大叫、辱骂、甚至有潜在暴力倾向、无理取闹、保持沉默或拒绝提出反对意见。在面对一个“失去常态”的难缠客户时，你首先不能怯场，反而要让自己保持最佳的心情状态，而且最好换一种比较阿Q的精神暗暗给自己打气：“客户之所以这样怒气冲天，抗拒我的说法，说不定我该及早换另外一种说法来搞定他！”

田明是一家饮水机公司的营销人员，他十分相信公司产品的过硬质量，但他有个客户刚买了一台饮水机，就打来电话气愤地谩骂田明，说他是“骗子公司的业务代表”，而且丝毫不给田明开口的机会，抱着

电话就气冲冲地，犹如发连环炮般，数落了田明足足半小时。田明刚接到电话也很生气，因为客户并没明确说出饮水机到底是什么问题，而是采用泄愤式的辱骂，将田明骂了个狗血淋头，丈二和尚摸不着头脑。但他很快稳定下急躁且恼怒的心情，灵机一动，一反常态地以开心语调大声说："余先生，如果您能为本公司的饮水机改进方案提出宝贵意见，我就太感谢您啦！下午您有时间吗？如果方便，我想去您家拜访您一下，详细听取您的意见。"客户愣了一下，显然是被田明的"不辩解、不申冤、更不会感到不耐烦"的敬业精神给镇住了，于是心平气和地简单阐述了一下问题所在，结果是因为客户没仔细看说明书，没找准按钮所致，最后证明不过是一场误会。客户也感到万分歉意，不好意思地向田明道歉，田明却依旧用温和的口吻说："哪里哪里，能和您交谈我很高兴，下次如果您有任何问题，随时欢迎来电咨询。"

田明之所以能轻松摆平难缠客户，是因为他首先稳定了自己的心情，这样才能用关切之情稳定顾客的心情。大家要切记，在处理难缠客户时，切忌用你自己或公司的观点来试图说服他们，因为这样做，会使矛盾更加激化，你应该试着体会客户心情，并最大可能消除你对客户的任何反感情绪。不管客户有多无理取闹，不要做"火上浇油"的事，别试图在客户还未心情平复时，千方百计去证明他们是不对的，而只有让客户产生"你俩是同一国"的错觉，他才会真正认同你接下来处理问题的方式。当然，若对方按照他的思路不断地发火、指责，根本无法控制情绪，让自己冷静下来时，你也千万不能"急于求成"，可以抓住其中略为有关的内容扭转方向，缓和气氛。比如客座代表晓玲有天就遇到这么一个火冒三丈的客户，他冲着晓玲大吵大叫，怎么劝慰都不听，依旧延续自己思维："你们公司这么搞，把我的日子都彻底搅乱了，你们日子当然好过，可我还上有老下有小得养啊!”晓玲顺着客户的话回答：“我理解您，您的孩子多大啦?”客户愣了一下，轻轻说：“六岁。”这时话题暂时转到一个天真无邪的孩子身上，客户怒火自然小了很多。

给他一个站得住脚的理由。研究表明，人们更容易接受被告知缘由的问题，而很难接受连起因都不知道的问题。一家电脑打印机厂家的客服这样来处理一个投诉：一个客户打电话来抱怨打印机打出的颜色不对，而且生气于这种情况已经持续3天了，是否和打印机的质量问题有关?客服代表很专业地告诉他，这是因为天气的原因，客户很不满意，他要求一个明确答复，到底什么时候可以解决他的问题?或者派人来彻底检修打印机?这时客服代表继续解释道，造成这种情况是因为打印机周围的湿气太大，如果他希望尽快解决这个问题，去购买一台空气干燥机就可以了。对于客户来说，很多时候生气发火的原因，在专业人士看来都是不值一提的小问题，很容易就能解决，但请记住对方毕竟不是专业人士，而是需要有良好售后服务的客户，请相信绝大多数看似难缠的客户只是因为欠缺了某种专业知识，只要你能提供一个站得住脚的、简单易行的解决办法给他，这些客户很快就会从怒气冲冲的“灰太狼”变成兴高采烈的“喜羊羊”。

怎样搞定永远拒绝你的客户?美国寿险推销大王法兰克·贝格在五千次和顾客面谈的记录中，找出顾客为什么不买的原因时，他发现：“推销过程中，最重要的是要协助准顾客克服拒绝的心理。有38%很诚实说他们不买的原因，而有62%的顾客，他们原先提出不愿意买的原因，并不是真正的原因。”

其实“拒绝”并不可怕，最怕的是你六神无主，毫无招架的应变能力，最上策的做法是：对症下药，先彻底了解顾客“真正拒绝”的心理，然后，准备一

套“完美应对拒绝的方法”，同时，你要不断修炼自身，具有能圆满解决对方疑虑的能力。

你需要先对客户拒绝的理由做出判断。注意听潜在客户拒绝的理由，判断它是不是真的？通常准客户的态度上是轻率的，言语是简短的，一语带过。如果是真正的拒绝，潜在客户会一再重复。每一个潜在客户可能都会有许多个互相矛盾的想法，有时，对于自己的想法似是而非，莫衷一是。当碰到这种状况时，就换一种方式或问法，再确认对方反对的理由，说不定潜在客户会透露其他不想买的理由。然后就需要运用你的专业知识和沟通能力，尽量说服潜在客户。并在此过程中提出全面解决方案，以能够完全解决问题的方式，用产品的功能和利益说明，准确无误回复潜在客户先前的拒绝理由。

大家要相信，几乎每个业务员都会遇到难缠的客户，很多业务员因为畏难而不愿面对或者穷于应付而无力战胜。其实，难缠客户就像下围棋的高手一样，如果经常与高手在一起切磋，棋艺自然会快速提高，一些业务员就是在应对难缠客户过程中迅速成长成熟起来的！多给自己一点信心，你也可以完美战胜难缠客户！

第六章：透视（谈判）对手，让你谈判马到成功

1. 别让谈判的对手握住你的底牌

我们通常说销售活动是由三类活动构成：沟通、谈判和服务。其中，谈判是关键一环。沟通的目的是尽可能呈现己方的价值，服务目的除了给予对方便利之外，核心是感召对方。而所有这些都是为谈判做铺垫，谈判才能实现最终的销售意义。谈判在销售中的意义不仅仅在于改变对方的说法或态度，关键在于改变对方在合作中的行为。招商谈判中的技巧十分关键，谈判得当，一个大单就大功告成，否则很可能就功亏一篑。

销售谈判中最重要的是四个信息：我方的底价和报价；对方的底价和报价。所有谈判者都在试图掩盖我方的底价、及时了解对方的报价意图并摸清对方的底价，这对于赢得较为有利的谈判地位颇为重要。而不慎透露自己的底牌，则对谈判来说非常不利，轻则损失利益，重则导致合作破裂。相信大家都曾在武侠电影中见识过“轻易亮出自己底牌”的狂妄之人，也许真的身怀绝技，但你只要让对手发现了你的“软肋”在哪里，人家都可以想办法战胜你。武林争霸，

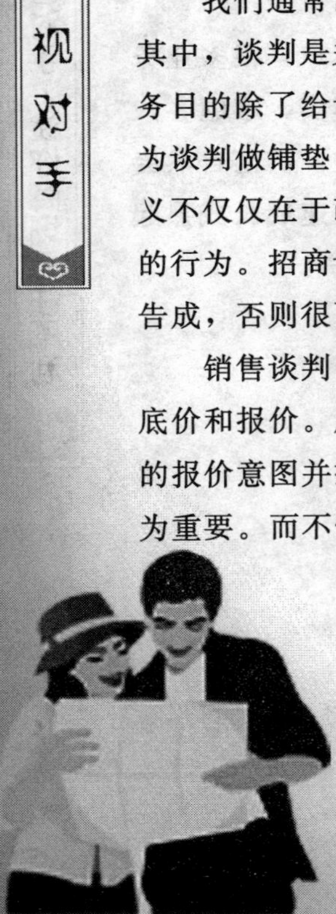

那些“毫无心机、敞亮自己”的狂人总是最先当炮灰，能笑到最后的反而是内敛而深沉者，之所以得胜，是因为他们在人前保持了一份神秘感，没有谁能猜中他们手里还握着什么底牌，所以内敛的高手才可在最后关头，发出雷霆一击！

下面这个案例就是关于“无意泄露底牌给谈判对手”带来的惨痛教训。

刘刚是某酒厂的四川销售经理，他接到上级命令，要加紧四川市场的淡季招商和市场布局。几个重点地级市经销商都已经选好，最让刘刚头疼的就是省会成都了。成都市场品牌众多、市场格局复杂，这对他们这个知名度并不高的品牌来说，招商当中遇到的困难更大。产品价格较高，资源不足、实力不足的经销商肯定做不起来，而有资源、有实力的经销商，很多名酒的高端品牌都在争夺，非名酒企业去分羹的可能性已经非常小了。在对成都市“有资源、有实力”的经销商筛选之后，刘刚将目标锁定为姚总。姚总的团购资源非常好，能够抓住核心消费群，进行核心消费群的引导，从而把中高端产品导入市场。

为了保证第一次谈判留下好印象，刘刚做了一番精心准备，决定只要姚总答应一个基本的年销售额，那么他就给予相应的承诺。在谈判中，姚总问道：“对四川市场你们公司的战略规划是什么?”刘刚回答：“四川市场因为有品牌基础，企业是把它作为一个战略市场对待的。”姚总笑笑说：“你知道，现在市场运作难度大，单凭经销商一方的投入，是做不成市场的。如果你们给予大力支持，我这年销售几十万应该问题不大。”刘刚赶紧说：“姚总，您太保守了吧！我帮您分析一下，您现在的团购客户在 90 家左右，如果每家年消化 50 箱高档酒，销售额至少是 15 万元，再加上其他渠道的推广和销售，那么您年销售轻轻松松就能实现200万。如果您能销售200万以上，我保证公司给你的资源投入不会少于你的投入!”姚总惊讶地看了一眼刘刚：“如果这样，我们对开发这个市场还是有信心的。”谈判结束之后，刘刚掩饰不住内心的激动，这个大客户似乎马上就可以签约了。

受到刘刚的热情邀请，姚总亲临酒厂参观，总监亲自为姚总接风洗尘，酒桌上，姚总对总监说：“李总，市场的开发还需要你们厂家大力支持啊，没有厂家支持，我们经销商就是天大的本事，也是开发不出来市场的。”总监马上点头应允。姚总又半开玩笑说：“李总，我这次专门到你们企业来，拜访你这个领导，想必你肯定会给我更大的支持，到底你会给我什么奖励啊?”总监愣了一下，没想到姚总会在这个时候半真半假的要政策，他思索了一下承诺：“我们的政策也是在核算成本的基础上制定的，企业需要营销、管理费用，其他的经销商，我们都是35%的市场支持力度。对你这个特殊的客户，我可以给你交底，我们给你最低价，并且把返利一次兑现给你，45%的力度，你满意不满意?”刘刚发现姚总脸上划过一丝失落神情，他感觉大事不妙了。

果然，之后刘刚数次电话联系姚总，但姚总总是闪烁其词，避而不谈合作。在刘刚多次追问之下，姚总只回答：“要不我先尝试销售一下?如果市场接受度较高，我再大批进货运作市场，如何?”刘刚只好委屈答应，但是此后多次登门拜访无果，合同最终没有签订下来。

纵观整个招商过程，不得不说，总监的45%底牌承诺给合作带来致命伤害。在刘刚看来，这样的大型经销商合作，双方一定要有足够的诚意和态度，不是说给一个底牌返利就行了，按照刘刚的承诺“经销商

投入多少、企业就投入多少”是一个和企业同生死、共命运的承诺，但是，一个45%的交底政策，貌似有很大的诚意，实际上让经销商感觉企业在压货，而经销商成了孤军奋战，导致经销商对合作预期前景大大降低。

在商业谈判中，大家一定要注意不要犯“冒进错误”，过早揭自己的底牌。有些推销员到客户那里将所有事项一讲完，就认为自己的谈判完成了，结果客户提出一大箩筐的问题，自己一个也解决不了，事情还是没有办成。比如经理安排推销员小王到客户处安排一次促销，并结算上一笔的货款。小王去之后，将促销计划告诉了客户，马上提出办款的事情。客户于是向小王提出了一大堆的市场问题，小王一听头大了，完了！一个也解决不了，款看来是办不到了。

小王为什么会落败？因为他输在了顺序不对！大家要切记在没有弄清楚对方的需求之前，切忌将自己底牌很快抖出。重新安排一下谈判步骤，按步骤一项项进行，结果会大相径庭。小王应该先到客户那里了解市场情况，客户肯定会向你提出许多市场问题，等客户将市场问题说完了，他再告诉客户经过认真考虑安排一次促销来缓解、解决市场问题，并就市场下一步发展与客户探讨，最后提出办款的事。我们可以试想一下，如果自己是客户，会拒绝办款吗？答案当然不会的！

商场竞争讲的是兵不厌诈，李嘉诚以竞争时出牌奇特而著称。他在经营中讲究放长线钓大鱼，做的是令自己最骄傲的交易，采用的是做独家买卖的交易手段，坚持的是“绝对不让对方摸清我底牌”的谈判方针。在李嘉诚的经营投资过程中，曾经遭遇过无数的竞争对手，而在竞争的最后一刻，李嘉诚总能够用对方意料不到的底牌将其彻底击垮，从而稳操胜券。李嘉诚指出，做生意的过程既是钱与钱的交易过程，也是心理与心理的斗争过程，就像打牌的人，永远不想让对方知道自己的底牌一样，做生意的人，是绝对不会把自己的腰包掏出来让人看的。不会像政治家一样，将自己的财产公开。有钱的会装作没钱，没有钱的却要充有钱。为了不让别人察觉到自己没有钱，更要强充阔气，大洒金钱。这种做法不但有利于经商，而且更有利于锻炼商人，使他们懂得经商过程中有比钱更重要的东西。因此，李嘉诚总是对于任何投资计划都处之泰然，在拍卖地产的现场，在最后的关头，李嘉诚总是竖起他自己的“擎天一指”，以一个惊人的价格获得投资的决胜权。在进行企业收购的过程中，他也总是在最后的关键时刻，将对方企业的决定性股权牢牢地掌握在自己的手里，这就是“永远不让对方知道自己底牌”这一成功商业奥秘的巨大威力。

2. 避开对手的锋芒，攻其所虚

谈判是生意场上必不可少的商业活动。有人将谈判形容成没有硝烟的战争，三言两语说得好就会赢得人心，口若悬河说不好也会招来杀身之祸。犹太人还有一句关于谈判的至理名言：把嘴巴变成防守的关口。所以当我们遇到的谈判对手是“强硬派”，且锋芒毕露时，如果和他“硬碰硬”，只能落得两败俱伤的结果，而聪明的犹太人，老早就积累了“避其锋芒，攻其所虚”的谈判经验。

100 多年前，美国加州因发现金矿而吸引了大批淘金者加盟，犹太人莱维·施特劳斯也是这批淘金者之一，却每天以失望告终。一天，莱维和一位疲惫不堪的矿工坐在一起休息，这位矿工抱怨连连：“唉，这鬼地方裤子破得特别快。我们一整天拼命地挖啊挖，裤子破了也顾

不上补！”听完这位矿工的话，莱维眼前一亮，帆布不正是很耐磨的布料吗？不久，第一条牛仔裤的前身——工装裤就这样诞生了，并从加州迅速推向全国乃至全世界，莱维也由当初的贫困淘金者一跃而变成“牛仔裤大王”，跻身富豪之列。

犹太人喜欢这样总结他们的成功经验：“其实，成功就是这样简单，避开竞争焦点的锋芒，换个想法，迅速抢占自己该去抢占的地方就行了。”

孙子兵法教导我们，作战如治水一样，须避开强敌的风头，就如疏导水流；对弱敌进攻其弱点，就如筑堤堵流。

避开对手锋芒，另辟蹊径，可以减少与对手的口舌之争，这样，可以使自己更进一步地发展。

周丽是一家公司的总经理助理，为人谦逊和善，工作一丝不苟，但某天，因为天气极度恶劣的原因，她的同事没有按时将另一家公司所急需的材料及时送到。那家公司的老总非常生气，因为材料是周丽公司的承诺，这样的失误会给对方造成极大的经济损失。

第二天，周丽去那家公司老总办公室诚挚道歉，果然，对方老总见到她之后，开始炮轰周丽：“对于你们公司的做法，我感到极度的失望，因此，你们要对你们的行为负责。我无法容忍一个有极高知名度的企业会做出如此让人无法忍受的事情来……我现在没有办法形容我内心的愤怒！”

足有半个多小时，对方的老总把周丽骂了个狗血淋头。终于，对方疲倦了，坐下来，点了一支烟，看着周丽，想听她说点什么。

“对于这件事，我很抱歉，我们会想办法弥补贵公司损失的。”周丽看到对方表情后，慢慢说出了这些话。

“今天天气不错，我能请你喝杯咖啡吗？”周丽接着微笑说道。

“这……当然。”对方老总一时显得很意外，压根没料到周丽会邀请他去喝咖啡。

于是周丽和对方老总在咖啡厅度过了愉快的一下午，喝完咖啡，对方老总欣赏地望着周丽说：“其实，我非常明白贵公司的难处，如果是我们，也是不可能在规定的时间内把材料送到的，对于刚才我的行为，我表示真诚的道歉，希望我们能继续合作，我对你们公司很满意。当然，我对你的行为更加满意。”

周丽在面对谈判对手情绪极其激动暴躁的情形下，她能站在对方立场上思考问题，而避开一味的解释——因为不管周丽说出多冠冕堂皇的理由，在一个暴怒的对手那里，都只是托辞和狡辩！周丽聪明地避开了对方锋芒，巧妙用一杯香浓的咖啡转移对方几乎要爆炸的坏情绪，由此得到对方的肯定和谅解，使得公司避免了大的损失，也得到了一家非常好的合作伙伴，取得了事半功倍的效果。

要避开谈判对手的锋芒，顺利攻克他，大家首先要注意认真聆听对方意见，不管对方采取何种夸张且气愤的语言，也不要急着和人家抬杠，因为只有当你认真倾听，才能做出最正确的判断，也才能不着痕迹地找准巧避对方锋芒的最佳时机。当优势不在自己这边时，切记不要被对方嚣张的气势给吓倒，要以不变应万变，让对手尽情发挥或宣泄，躲过对手锋芒，在他滔滔不绝时也正是“气势与弱点皆露”的时刻，只有抓准时机，以柔克刚，曲线救国，聪明反攻，才能攻对方不备，克对手之虚。

沙特阿拉伯的石油大亨亚马尼就很善于以柔克刚，使对方心悦诚服、“不知不觉”地接受条件。一位美国石油商曾经这样叙述亚马尼的谈判艺术：“亚马尼在谈判时总是低声细语，绝不高声恫吓。他最厉害的一招是心平气和地重复一个又一个问题，最后把你搞得精疲力

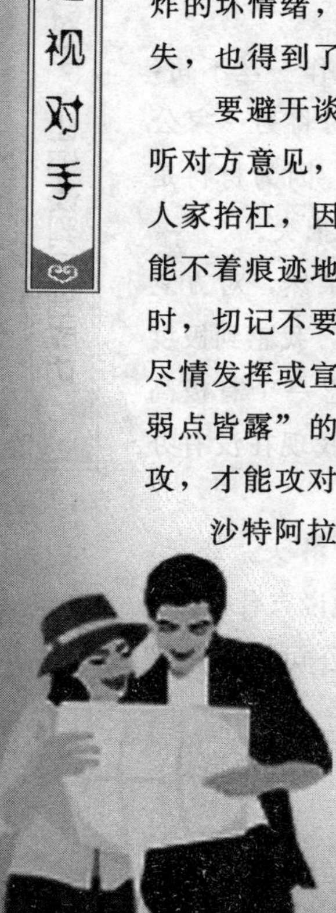

竭，不得不把自己的祖奶奶都拱手让出去。他是我打过交道的最难对付的谈判对手。”

“以柔克刚”可称“谈判秘诀之一”，是指在谈判出现危难局面或对方坚持不相让步时，采取柔软手法来迎接对方强硬态度，避免冲突，从而达到制胜目的。老子曰：柔能克刚。当谈判中处于不利局面或弱势时，最好的策略是避开对方的锋芒，以柔克刚。

在谈判中有时大家会遇到盛气凌人、锋芒毕露的对手，他们的共同特点是刚愎自用、趾高气扬、居高临下，总想指挥或控制对方。对这样的谈判者，以硬碰硬固然可以，但往往容易形成双方情绪的对立，危及谈判终极目标的实现。多数情况下，谈判者对咄咄逼人的对手所提出的要求，可暂不表示反应，而是以我之静待敌之动，以我之逸待敌之劳，以平和柔缓的持久战磨其棱角，挫其锐气，挑起他的厌烦情绪，伺机反守为攻，夺取谈判的最后胜利。

懂得“避其锋芒，攻其不备”的高手，如果在谈判过程中遇到那种不断向你进攻、迫使你屈服、不给你丝毫喘息和反抗机会的对手，你可以采取“柔道战略”来“借力打力”。所谓“柔道战略”，核心就是要求你避其锋芒、放弃硬碰硬的竞争思维模式。柔道是将对手的体能和力量为己所用，借力打力，击败对手而获胜的一种武术，它使弱者或体重处于劣势的人能够战胜身体方面占优势的对手。

谈判过程中，以小搏大时，短兵相接，硬碰硬最易导致失败。所以，保持自己的初衷，以自己的方式攻击对方，或对攻击者做出反应，而不是陷入针锋相对中。Intuit 的创始人斯科特·库克，在十多年前微软对其的多次攻击中，就很好地运用了这一战略。他十分明智地认识到与微软硬碰硬是“没把握的竞争”，便另辟蹊径地指出：“所以我们做运行终端，有策略地追逐对手甚至尚未察觉到的客户，而不是照搬微软的所有东西，为发展开辟一条新路。”斯科特·库克正是利用“柔道战略”成功化解了对手的竞争优势，抢占了市场的有利形势，为自己的发展谋来绝佳机会。

守规则的政府新闻发言人在遇到很敏感或他本人无法回答的问题之时，总会在脸上堆出宛如春天般灿烂的微笑，双肩一耸，两手一摊：“这个我无可奉告。”这是回避锋芒、保护自己不出问题的最常用办法。谈判中也一样，当对方咄咄逼人地就某个问题要求你给予进一步的解释，或者直接要求你提供有关价格预测等资料时，你心里明白这些问题在谈判前已被你划归不容谈判的项目，你可以十分诚恳地告诉他：“对不起，有关这个问题的详细资料我没有，估计得等到本年度终结之后才能拿到资料。”这样，暂时将这个你不准备列入谈判项目的问题搁置起来，从而迟滞对方的攻势。

“过刚则折，过柔则废。”刚柔相济方是此中真味。能在谈判过程中避开对手锋芒，袭击对手弱处的，才是“笑到最后”的成功者。所以在这一过程中，大家要顺应对手的态势，借助对方之力反制其身，攻其所虚，扼其咽喉，达到“四两拨千斤”的效果，并尽量达到“双赢”的谈判结果。

3. 别把谈判对手看成敌人

“谈判”之前，大家其实有必要再问问自己，什么叫“谈判”？

这个词由“谈”和“判”两个字组成，“谈”是指双方或多方之间的沟通和交流，“判”就是双方共同来决定一件事情。只有在双方之间沟通和交流的基础之上，了解对方的需求和内容，才能够做出相应的决

定。也就是说，谈判是让别人支持我们从对方那里获得我们想要的东西的一个过程。除了在正式的商业场合，人生也充满了“谈判”气息：不论是逛街买衣时与人杀价，恋爱中情侣相互忍让，或是业务上搞定合作，以及亲子间缩小代沟，处处都需依赖谈判艺术的展现，这可真是“人生无处不谈判”！“谈判”既然无处不在，大家就要牢牢记住关于“谈判”的一条黄金法则：别把谈判对手当敌人。当然，我们接下来要讲的“谈判”是比较狭义的交易谈判，但无论广义的“人生无处不谈判”或者专业的商界谈判，此法则都适用。

交易谈判是指人们在各类贸易、合作、联合以及各种经济纠纷中，为使双方意见趋于一致而进行的洽谈磋商。其目的是改变相互间的关系并交换观点，以期达成协作的求同过程。这是一个较为复杂的过程，既要确定各自的权利与利益，又要考虑他方的惠利方面，如何才能立于不败之地，是各商家的追求目标。

谈判是需要诚意的，即使你和对手各为其主，为了自身利益而针锋相对，也请记住你们仅仅是为“表达各自观点，争取最大利益”而来，谈判的最终结果一定不是为了双方结下仇怨，所以“谈判桌上无敌人”，如果谁偏执地一定要带着敌对意念去谈，往往谈不到一块，最终只会不欢而散。但事实上谈判只是开始，谈判成功后大家还是合作关系，所以谈判时双方是对手，谈判后双方应该是搭档而非敌人。

不把谈判对手当敌人，首先我们要做到谈判之初尽量营造友好气氛。

谈判刚开始时，双方接触的第一印象十分重要，言谈举止要尽可能创造出友好、轻松的良好谈判气氛。而且大家要谨记，高明谈判者不仅善于语言表达，还善于在不显山露水的情形下，启发对方多说，只有缺乏经验、又急于在气势上压住“敌人”的谈判者才不能耐心听对方发言，他们主观武断地只说自己想说的话和不断反驳对方意见。这样，不注意对方发言甚至不给对方发言的机会，许多宝贵信息就这样失去了。其实成功的谈判者在谈判时把50%以上的时间用来听。他们边听、边想、边分析，并不断提出问题，以确保自己完全正确理解对方。

谈判不是“比比谁更蛮不讲理”。

谈判并不是无休止地讨价还价，也不是蛮横不讲理，若带着不良情绪来谈判，就很可能造成失败的谈判结果。好的谈判者并不是一味固守立场，追求寸步不让，而是与对方充分交流，从双方最大利益出发，创造各种解决方案，用相对较小的让步来换得最大的利益。谈判应是互惠互利的，成功的谈判每一方都是胜者，谈判应是基于双方的需要，寻求共同最大利益的过程。正如拿破仑所说：“如果能把敌人变成朋友，就等于我们胜利了。”大家在谈判时态度要开诚布公，言辞不可过激或追问不休，以免引起对方反感甚至恼怒。当然，对原则性问题应力争不让。

谈判高手能巧妙伪装成“对手的朋友”。

谈判高手往往努力把自己的意见用委婉的方式伪装成对方的见解，提高说服力。在自己的意见提出之前，先问对手如何解决问题。当对方提出以后，若和自己的意见一致，要让对方相信这是他自己的观点。在这种情况下，谈判对手有被尊重的感觉，他就会认为反对这个方案就是反对他自己，因而容易达成一致，获得谈判成功。

喜欢钓鱼的朋友都懂得一个简单而朴素的道理：钓鱼不是一件硬来就能成功的事。正确的钓法是：先抛钓竿，鱼儿上钩之后，让鱼儿随钩先逃一下，有点

缓冲时间，再加点压力，把鱼钓上来。

谈判亦如此，绝不是你激动强硬气势汹汹，摆出一副“作战”姿态就能让对手屈服，要知道以气势压人的谈判方式不会有效，因为它忽略了对手的立场，在独裁国家及战俘集中营里无谈判可言，只有权威和必须屈服于权威的人。但是在谈判的舞台上，永远有两方，对谈判的进行和结果均有所贡献，你和对手之间应保持互相敬重的平等关系而非彼此仇恨的敌人关系。

企业家孙雄与美国某公司谈判投资项目，其间美国公司对孙雄原公司财务账目反映的原资产总值看法有分歧，于是孙雄和美方代表——一个哈佛毕业的美籍华人一起坐到了谈判桌上。美方代表彬彬有礼地开口：“我们今天开会，是因为中方财务报表上有一些模糊之处。”孙雄心想和外国人合伙做生意真麻烦！因为内心有了敌对情绪，话也说得硬邦邦的：“有什么不清楚的，你们可以调查嘛，又没人限制你们的调查权！”美方代表依旧不温不火：“核查也难，因为很可能被查的依据就不可靠。”孙雄一听，顿时火冒三丈了：“喂，说话拿出来凭据好不好？哪有胡乱污蔑栽赃的？看你贼眉鼠眼的就不是好人，本来是个中国人干吗进美国人公司当奴才？”美方代表按捺住孙雄的人身攻击，耐心解释：“因为所有财务证据都是原工厂所造，我们实在无法一一核查清楚。”孙雄得意地干笑几声：“那就是没证据啦？你们毫无凭证，凭什么说我账目有问题，嗯？既然你们这么不讲理，要打官司要上法庭，我孙雄都乐意奉陪！”

从上面的谈判经过我们可以看出，孙雄因为一开始就抱着抵触心理和敌对情绪，所以听不进去谈判对手的任何话，不管人家说什么，他都一厢情愿地认为对手是在存心找茬，故意诬陷他的清白，所以越说越激动，甚至将一件原本可以妥善处理的小事闹到影响合作，甚至将来可能“上法庭打官司”，真是得不偿失！在这种合作性的谈判里，谈判双方其实都应该注意气氛平和，减少对抗，有问题讲问题，千万不要采用人身攻击方式，妄图打压敌人，其实口不择言，不但影响了正常合作，还令双方关系势成水火。

谈判是需要要讲究谋略和技巧的，而谦虚就是谈判的谋略。相反，那些在谈判桌上趾高气扬、高谈阔论、锋芒毕露、咄咄逼人，以为自己气势磅礴，可以让敌人乖乖臣服的谈判者，其实很容易挫伤对手的自尊心，引起人家反感，以致筑起防范城墙，从而导致自己的被动挨打。许多谈判，谈判得以顺利进行的重要条件就是融洽友好的气氛。所以说谈判者必须使自己的语言表达得文明礼貌，分寸得当，使谈判双方始终处于一种尽可能友善的气氛中。出言不逊、恶语伤人，通常会给谈判造成障碍，甚至导致谈判的破裂。

另外大家要谨记，在谈判过程中，当你不同意对方观点的时候，也不要急于激动反驳，一般不应直接用“不”这个极具有强烈对抗色彩的字眼，更不能威胁和辱骂对方，应该尽量把否定性的陈述以肯定的形式表达出来。

在谈判桌上，我们较量的并不是“莽夫武力”，而是“镇定智慧”。

4. 职场谈判有技巧

职场谈判如同行军打仗一般，都是你来我往，明争暗斗，都在为己方争取最大的利益而进行着搏斗。在谈判过程中的每一个步骤，都是需要经过精心设计及安排，这样方可以做到百胜。

直接称呼生意伙伴的名字合作会进展顺利。

万事开头难，职场谈判的开始一样不容忽视，哪怕一个简单称呼，也会起到决定性的作用。当我们介绍到场的来宾时，一个简单明了的称呼总比一些所谓的头衔称谓要亲切得多，让人感受到这不是一场商务谈判，更像是相聚的友人在畅谈，而洽谈也可以在轻松气氛中进行。

谈判正式开始之前最关键的是如何利用有限空间拉近彼此距离，让谈判顺利开始，如果想要顺利地沟通，亲切的称谓将会是你成功的有力保障，拉近你与对方的距离会让任何谈判事半功倍。在进行商务谈判时，对方直接亲切地称呼自己姓名时，会让人有一种特别的存在感，颠覆传统僵硬的谈判模式，让谈判在轻松和谐的气氛中进行。

360 度了解谈判对手。

有人会说，我遇到的客户就是个铁打不动的大顽固！我花了大量时间和精力去营造气氛和开头，为什么还是屡战屡败？如果对方真是这般难啃的“硬骨头”，适当的时候就要想想办法，利用第三者来调节了，效果会超出预想哦。

设想你遇到的对手非常顽固，很难对付，那么你需要去说服的就不是他本人。知己知彼，百战百胜。要想知道谈判对方的精神状态和日程安排，就要从其身边的人下手，其中，最有影响力的就是对方的秘书或助理。通过他们你可以很容易知道对方今天情绪状态等非常有利的信息。

当今是个需要团队协作、互相帮助的时代，很少任务是可以由一个人单独完成的。那些整天嚷着“我不喜欢请第三者帮忙，我想通过自己的实力来解决问题”的人未免过于自负，正如我们想移动非常重的物体时会利用杠杆一样，必要的时候也要借助第三者的杠杆作用，才能使事情顺利进行。

小气味影响大谈判。

一位表现出色的洽谈者利用自己出色的口才征服了现场所有人，只因身体散发出隐隐狐臭，为他的谈判画上了句号。面对这样的尴尬，你应该知道味道对于谈判结果有着重要影响：应该让谈判场所有芬芳的气味，而不是没有任何味道，更不能有臭味。气味芳香的环境能够使谈判更加顺利地进行，这也是一种很重要的谈判技巧，适当的香气会使人们本能地去倾诉心声。当一个人闻到怡人的香气时，在不知不觉中他的内心已经开始变得柔软。实际上，与一般的会议室相比，在充满了令人心旷神怡的香味的地方能够取得更理想的谈判效果。

美国的莱斯拉综合专门学校研究所的罗伯特·巴隆博士在一次试验中，让 40 名男性和 40 名女性分别分成两组，一方扮演经营者，一方扮演劳动者，让他们就预算问题进行谈判。在实验中，一半人在散发着令人心旷神怡的香气的场所进行谈判，会场中所使用的香水事先经过了调查，确认是对方喜欢的“清新、柔和”的香水。另一半人则在没有任何气味的场所进行谈判，结果证明，在使用香水的场所下，谈判进行得更加顺利。

因此，在进行商务谈判时，一定要多多注意“气味问题”，以得到理想的谈判结果。

停顿的妙处。

要想成为一个善于谈判的人，需要掌握的一个小技巧就是在做出答复之前停顿一下。一个大约 3 到 5 秒的短暂停顿，在交谈过程中是一个非常优雅的举动，当你停顿的时候，也随之完成了三个目的。首先，你避免了在对方仅仅是在讲话中间调整气息、还要继续讲话的时

候插话而进行打断的风险和尴尬；其次，你向对方展示出自己对他或她所讲的每一个词都听得非常认真和仔细，而不是没有经过思考就草草地打断对方，插入自己意见；最后，停顿实际上使你可以更好地聆听对方的讲话。他或她讲的言辞可以更深入地渗透入你的大脑，这样你才能更清晰地理解他或她的真正意图。

镜子连环效果。

谈判桌上的两个人如果一前一后做相同的动作，那么这场谈判的结果往往会是令人满意的。例如，当一个人把胳膊抱在胸前，另一个人也把胳膊抱在胸前；一个人靠在桌子上，另一个人也靠在桌子上。这种对一个相同姿势的模仿，就好像照镜子一样，增加了二人的默契感和协调性，产生了强烈的共鸣，在心理学上，这种两个以上的人做同一个动作的现象叫做“镜子连环”现象。

“镜子连环”是一个有效的商务战术。如果你想给对方留下良好的印象，不妨去模仿对方的姿势和动作，这样不仅能够引起对方的注意，还能获得对方的信任，是一种很奇妙的战术。也许你会问，一直模仿对方的姿势和动作，是不是显得有点做作，会不会让人产生反感？本来是想下点功夫赢取信任，会不会反而弄巧成拙？美国的心理学家路易斯博士指出，不断练习“镜子连环”，就能学会非常自然地去模仿对方的姿势，最终可以在无意识中做到这一点，如果能活用这一技巧，说服对方的概率可以提高50％。

视线要平缓地呈Z状。

美国著名哲学家、作家莫提摩·阿德勒说：“假设在某个场合里，你面对一位或者多位听众时，如果你希望别人不只注意你所说的，还希望他们认为你讲的内容值得听，那么你就要表现出诚实和善意，并且流露出对演说内容有透彻的了解，让人觉得你可以信任。

同时，你也必须让自己在听众的眼中显露出讨人喜欢、吸引人，而且值得信赖的样子。”

这番话告诉我们，一场完美的演说，眼神的交流是非常重要的。当然这里说的不是让你瞪着别人进行“无声的恐吓”或者抛个媚眼放电，而是要有让别人能够信服你的眼神和视线。最自然得体的做法就是和一个人对视时说一句话，把视线移到旁边的人身上，再说一句话，然后继续转移视线，这称为“一人一句法则”。具体来讲，如果谈判对手集中坐在前面的座位上，你应该从最左边的后面开始，按顺序使视线呈Z状移动。

聆听建立信任。

聆听可以在听者中间建立自我约束力，这是因为你的大脑每分钟可以处理大约500到600个字，而我们每分钟仅能说出大约150个字，你需要真得付出努力才能真正把注意力保持在聆听对方所讲的内容上。你越认真地聆听其他人的谈话，别人就会越信任你和相信你。当你认真地聆听其他人谈话的时候，他或她的自尊也就会自然地得到增加。当你进行了有效的聆听后，其他的人将会开始发现你的魅力，他们会希望围绕在你的周围，有你在场的场合他们都会感到放松和快乐。

告别的技巧。

对于告别的技巧来说，最重要的是速度和流畅性，也就是让洽谈结束得自然、得体、迅速，磨磨蹭蹭是最不可取的。如果谈判是在你的办公室进行，你至少要把对方送到门口，如果想表达你非常重视和对方的关系，最好把对方送到电梯或办公楼外。

心理学上有一个非常有名的“近因效应”。“近因效应”是指在多种刺激依次出现的时候，印象的形成

主要取决于最后出现的刺激。也就是说，最后一次见面时的印象，是人们记得最牢的。

一段精彩的谈判过程，凝聚了自己很多心血和经验，若因为一个不完美的告别而前功尽弃，岂不是得不偿失？

5. 当谈判对手发脾气

虽然谁都希望遇到一个“好说话、好沟通”的谈判对手，但并非次次都能如愿以偿。在谈判过程中，人的因素除了观念问题之外，情感表露也对谈判能产生重要影响。当然，我们期待谈判对手的感情泄露能有助于谈判的顺利进行。例如，你的谈判对手刚刚做成一笔漂亮的生意，或者摸彩中了头奖，或者太太刚给他添了个大胖小子，这些喜事都会使他在谈判中喜形于色，快乐高昂的情绪可能使得谈判非常顺利，你们很快就能达成协议。然而，你也有可能会碰到个别不如意的对手，他公司的重要骨干也许刚刚被人撬了墙角，他投资股市股票跌停，他妻子红杏出墙……所以谈判对手不胜其烦、情绪低落，甚至因为一点鸡毛蒜皮的事，对你大发雷霆，使得谈判气氛空前紧张。试想一下，我们偶尔在商店也会碰到下面这种情形吧：个别顾客冲着售货员就出售的货物质量或其他原因而发生争执，大发脾气，售货员觉得不是自己的问题而往往试图解释，而客户却根本听不进去，不但要求退货，而且继续大吵大闹，激动万分，有时甚至双方会发生激烈口角或动手动脚。

感情泄露在谈判中有时双方都难以抑制。个人的情绪还会有一定的传染性。有时处理不当，矛盾激化，就使谈判陷入不能自拔的境地。双方为了顾及“脸面”而彼此绝不做出任何让步，结果双方之间很难再合作下去。因此，学习如何对待和把握谈判者的感情表露也是解决人的问题的一个重要方面。在商务交往中，人的情绪高低可以决定谈判的气氛，如何对待谈判者的情感表露，特别是处理好谈判者的低落情绪，甚至是愤怒情绪，对今后双方的进一步合作有深远的影响。

有经验的谈判专家建议，处理谈判中的情感冲突，不能采取面对面的硬式方法。采取硬式的解决方法往往会使冲突升级，反而不利于谈判的继续进行。对待过激的情绪问题，我们不妨从以下几个方面来着手解决。

关注和了解对方的情绪，也包括你自己的情绪。

如果你的谈判对手表示出非常生气，或冲你大发雷霆，那么一定要密切注意对方的情绪变动，当然也要包括你自己的情绪。应首先弄清楚对方生气的原因，是对方在寻找报复的途径，还是个人家庭问题干扰了商业问题？对方是想通过发脾气的手段取得你的让步，还是对方在束手无策的情况下的一种情感宣泄？弄清楚原因是最终解决问题的方法。但是在对方情绪不稳的情况下，不宜急于做出解释和澄清。

威廉·麦金莱刚任美国第25任总统时，指派某人做税务部长。当时有许多政客反对此人，他们派代表前往总统府，要求麦金莱说明委任此人的理由。为首的是一位身材矮小的国会议员，他脾气暴躁，说话粗声粗气，开口不管三七二十一，先把总统大骂一顿，狠狠斥责了麦金莱一番。麦金莱却不吭一声，任凭他声嘶力竭地骂着，最后才极和气地说：“你讲完了，怒气应该平息了吧？照理你是没有权利这样责问我的，但现在我仍然愿意详细地跟你解释……”这几句话说

得那位议员羞愧万分，但麦金莱不等他表达歉意就继续和颜悦色地说：“其实也不能怪你，因为我想任何不明真相的人都会大怒。”接着，他便把理由一一解释清楚。其实不等麦金莱解释，那位议员已被他折服，心里十分懊悔自己不该用这样恶劣的态度来责备一位和善的总统，因此，当他回去向同伴们汇报时，只是说：“我记不清总统的全部解释，但有一点可疑肯定，那就是——总统的选择并没有错。”

麦金莱的解释之所以能取得良好效果，是因为他避开了对方情绪不稳、异常激动之时开口，如果他在议员的“失态大骂”下也大发脾气，那么只会收获两个沮丧结果：一是盛怒之下的议员压根听不进去什么解释；二是麦金莱自己也被“煽风点火”，弄得情绪激动，从而做出不理智的事情，当然只会自讨苦吃。

让对手的情绪得到发泄。

在谈判桌上，谁都有可能会遇到不讲理的对手，在不该大声喊叫的时候，偏偏叫嚣不停，甚至还拍桌子，百般威胁。在对方情绪还在发泄时，并不是解决问题的最好时机。这时，最好的办法就是静静地倾听对方，千万不要还击。为了能够让对方的情绪稳定下来，应引导对方将理由讲清楚，让对方继续发泄到最好一刻。

谈判其实是妥协的艺术，强硬和妥协可能都需要？被外界贴上“脾气不好”标签的龙永图如是说：“谈判过程中，虽然我也会发脾气，但大部分是比较温和理智的，特别是到谈判的最后，经常需要进行一些换位思考，用双赢的理念来分析谈判。”所以“发脾气”不是什么了不得的大事，只要能让对方情绪得以宣泄，反而能从对方满带怒气的发泄当中，窥见理由和真相。

当有人提出不同看法，以至义正辞严地对你提出反对意见，情绪激动地向你“开炮”时，千万不要表现得“反应敏捷”，立刻就毫不客气地给予回击，因为以这种反面干戈的语言战略只会使两边闹僵，让自己也下不了台。

美国有家生产乳制品的大工厂，某日来了一位怒不可遏的顾客，他不客气地对厂里的负责人说："我在你们生产的乳制品中发现一只活苍蝇，我要求你们赔偿我的精神损失。"之后这位顾客提出一个地理数字的赔偿数目，并且怒气冲冲地对着负责人咆哮，看上去十分激动。但在美国，像这种乳制品生产线的卫生管理是相当正经的，为了防止乳制品发生氧化反应而蜕变，每次都要将罐内一切的空气抽出，然后灌入一些无氧气体后再予以密封，在这种严苛条件下出产的乳制品，根本不可能有活的苍蝇会在内中。由于这个事情相关到公司的商誉，这位工厂负责人不好立即揭穿那人的苍蝇很有可能是开罐后没有好好保存，由于自己的过失而造成苍蝇飞进来的。负责人只是很有礼貌地请他到会客室里，那位顾客边走边还破口大骂。

当这名顾客第三次提出赔偿后，负责人很有风范地为对方倒了杯水，然后从容不迫地说："先生，看来真有您说的那么回事，这显然是我们的过失，放心，您会取得合理的赔偿。这样吧，您请稍等一下，我马上命令关闭一切的机器，以查清过失原因。因为我们公司有划定，哪一个出产环节出现失误就由哪个环节的负责人来负责，待我把那位失职的主管找出来，让他给您专门道歉。"说完后，负责人一脸严肃地命令一位工程师去关闭生产线上的机器。那人没想到自己的话会惹起如此严重的结果，害怕如果查明真相"苍蝇事件"真与工厂无关的话，他反而会被要求赔偿整个工厂因歇工而造成的损失，那么就算倾家荡产也赔不起！于是他小声道："既然事情这么复杂，这次我想就算了，只是希望你们今后不要再发生类似的事情。"

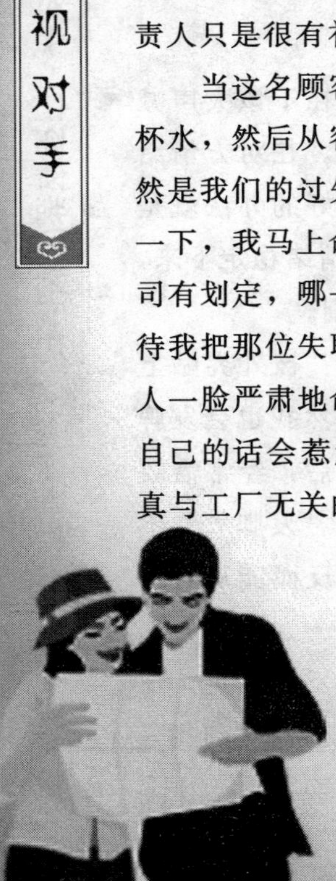

谈判桌上，经常发生两派相争的热闹景况，有时

两边各执一词，争得面红耳赤，完全丧失谈判风范。事实上，如果你懂得先让对方情绪有个充分的宣泄，然后再掌握“因势利导”的谈判战略，就可找准对方“死穴”，一击即中！

使用象征性的体态语言缓解情感冲突。

在商业上，个人情感的输赢没有实质意义。非要弄清谁是谁非并不是最终的目的。谈判者追求的是在双方利益均实现的基础上取得双赢的局面。因此，在缓解情感冲突时，有些象征的体态语言往往会起到意想不到的使局面发生逆转的作用，如与对方握手，赠送一份小礼物，表示想请吃饭等。经验丰富的谈判者认为，用行为表示道歉是谈判中成本最少，而回报最高的投资。

6. 掌握谈判的主动权

谁都想在谈判中掌握主动权，因为事实证明，谈判双方中失去主动权的一方必然就要失去较多的利益。所以，我们在谈判中，必须利用一切可以利用的手段和智慧，来牢牢掌握谈判主动权。

谈判前，收集一切“可借助的力量”。

进行谈判之前，应该尽可能地收集好一切“可借助的力量”。只有这样，谈判一开始，自己才会处于有利的局面之中。那么，谈判中“可借助的力量”是由哪些因素决定的呢？进行商品买卖时，需求与供给的平衡状况是重要的决定因素。对供给方来说，自己所提供的产品的需求量越大，对自己就越有利。对于商品生产者来说，如果能够生产出其他公司所不能生产的产品，或者与其他公司相比，能够准时地提供更为优质的产品，那么就对自己更为有利。同样道理，律师要向委托人提供高水平的法律服务，完成委托人的要求；送货员要保证物品完好、准时地运送至指定地点；餐厅要提供美味的菜肴，以及良好的就餐气氛等等。只有保证了这些，才能得到较好的评价，其需求量也会增大；需求量越大，在谈判时对自己就越有利。

如果能够提供市场上的紧俏商品，那么当买家向你砍价时，你就可以从容地说："如果不能答应我的条件，我不会卖给你。"对手恐怕只有答应你的要求。相反，对于买家来说，需要拥有比其他人更多的购买资金，这是你的"可借助的力量"，拥有购买实力会对你非常有利。试想一下，与购买一台电脑的散户相比，如果你要一下子购买 100 台电脑，就可以处于有利的局面。

另外，还要多接触几个供给商，多一些选择，这也是"可借助的力量"。如果你手中只有一个供给商，那么当你必须买下他的产品或服务时，你就会变得非常被动。多一些选择非常重要，当对方态度强硬时，或突然提出过分的要求时，你可以果断回绝："那好吧。我不买了，我从其他公司购买。"

承认任何强大对手都有其弱点。

坐在谈判桌前，对手也许看上去无比强大气场很足，但你要相信一件事：人只要有需求，就有弱点。有人伪装自己并没有真正的需求来和你谈判，以此争取主动，这就需要判断力去识别真伪，需要靠分析"细节"获得对方的真正需求。俗话说"无欲则刚"。反过来，有"欲"时心理上必然有"软"处，"软"自然就意味着有机可乘。

任何人和组织都有弱点，每一个弱点都有可能使谈判对方获得更多的利益，特别是一些能对此次谈判造成致命影响的弱点，谈判对方一旦获得，就将掌握

绝对的主动权。所以，谈判中要通过各种渠道获得对手的弱点，这些弱点可以是谈判者个人的，也可以是组织的。在所有的弱点中，对方的真正需求是最大的弱点。“弱点”就是心理上的“软肋”，就意味着“让步”只是时间问题。在使用对方弱点时，有一些弱点可以直接向对方挑明，有一些弱点不可以挑明，特别是涉及对方秘密的信息，不可轻易挑明。但控制着对方的弱点，就可以强硬坚持自己的谈判立场和价格，对方总会在你的“知情”下无奈让步的。另外，对方的“弱点”也可能凑巧也是自己的“弱点”。这时，就要及时做出让步以争取主动，不然客户就有可能流失。所以，“谈判主动权”是指在当时条件下，以最有利的条款和自己想要的客户尽快地签约，而不是僵硬地坚持原则固守成规。

利用时机，反客为主。

六十年代，美国和越南发生了战争，战争的持续时间很长，双方一直僵持到七十年代。为了结束这场漫长而残酷的争斗，1971 年，双方约定在巴黎举行谈判。越南方面早早地做好了准备，而美国却故意拖延时间，长达两年之久，使越南无端地付出了高昂的代价。

越南方面为了尽快结束这场战争，显得十分焦急，于是谈判议价能力大受挫折，不知不觉就陷入了被动的谈判局面。其实，美国方面在对越战争中同样代价不菲，自从尼克松总统的“越南化”计划破产之后，美国国内掀起了一股强大的反战压力，所以也希望尽快结束战争。但是美国方面并没有把这种心态暴露出来，因为他们摸准了对手的心理，故而采取了“反客为主”的谈判谋略，最终掌握了谈判的主动权，越南只好在谈判时处于下风了。

“反客为主”出自《三十六计》，原文说：“乘隙插足，扼其主机，渐之进也。”意思是说要趁着对方的间隙疏忽，主动出击，从而掌握了主动权，逐渐展开声势，扩大自己的成果。其谋略的意义在于，根据“谁付出的代价越大，谁在谈判中便越处于不利地位”的原理，想方设法在人力、物力、财力、时间等方面，对对手的实力进行消耗，以便自己掌握谈判的主动权，从而转败为胜，化劣势为优势。

A 市的一家服务公司埋头苦干而没有业务，通过熟人关系找到了 B 市的一家企业，企业了解情况后，初步愿意对该服务公司进行投资，联合建立一个加工分厂。双方约定在 B 市就有关联营的具体事项进行商谈，内容包括投资、分成、技术、管理、销售等问题。应当说，在这个谈判中，投资方是占绝对的优势的，因为它拥有资金，而服务公司则不同，他们能够找到这样一家既能投入部分资金，又能保证其长年有活可干的联营企业很不容易。就是说，厂方对该谈判的需求层次和依赖程度，肯定低于服务公司。所以，服务公司对谈判的态度十分积极，生怕这棵“摇钱树”半途变卦飞走了。

但是到了谈判日期，服务公司却通知对方，请他们派出代表前往 A 市洽谈。本来，投资方是可以拒绝的，但他们已经在全厂开过会，对资金、技术、管理方面作了人员安排，所以他们不愿轻易放弃这场谈判，于是投资方如期派出代表到达该市。一连几天，服务公司或不见踪影，或以各种理由推托，使得谈判不能顺利进行。投资方代表住在宾馆，开支增大，不见谈判对手，正焦虑不安时，谈判对手出现在谈判桌前，但此时的服务公司不再是先前的那副求人的面孔了。他们找出种种理由，说明该项联营，己方劳民伤财，获益不大，因而没有多大的谈判兴趣，于是服务公司此时已经成功扭转了先前有求于人的被动地位，变成了投资方有求于己。投资方因远道而来，投入较多，不想空手而归，因此无奈变主动为被动，失去

了优越的谈判形势，不得不向对方做出妥协和让步。双方原先协商的利润分成比例为3：7，即投资方占7成，服务公司占3成。但这次正式谈判的最后结果是所得利润双方各占一半！

“反客为主”的谈判谋略运用到谈判的心理战中，主要是在双方论辩谈判议题的过程中，趁对方不留心造成可乘之机，迅速出击，抓住主题，控制谈判的议程，在心理上抢占优势，然后迫使对方按照自己的意图行事。“反客为主”的关键在于掌握主动权，在上述的谈判实例中，服务公司之所以能扭转己方的劣势，正是因为他们成功地运用了反客为主的谈判谋略，改变了对方对谈判的需求和依赖程度的局面，掌握了谈判主动权，才为己方获得了最大利益。

7. 职场谈判向对手学会提条件

在一场谈判中，有时谈判还未开始，就已经分出甲方乙方。处于乙方的，是相对较为弱势的一方。如何改变自己在谈判中的不利地位，是让乙方苦思冥想的问题。敢于“提条件”，有时可以从形势上改变乙方单纯被动的局面，掌握谈判的主动地位。“提条件”是勇于冒险的表现之一，事实证明，它可有效增加谈判的权势，不敢冒险就容易被对方操纵。当然，冒险虽然会带来很大程度上的成功，但同时也存在很大的风险，所以，最好是在考虑好风险成本的基础上向你的谈判对手郑重提出条件。

提条件，哪怕提出的是一项很微小的条件，也向对方释放出明确的信号：我是有身份的人，和我合作是有前提的。在一些人看来，你不敢提条件，反而是你实力不够的表现，反而会妨碍谈判的达成。

有实力的人，怎能没有一点“骄傲的条件”？这可谓是人们的普遍心理。越是对敢于提条件的人，人们往往越是不敢小视。所以一些人在自己处于乙方的时候，就会巧妙地“设计”一些条件提出来，以提升自己的形象，增加谈判的砝码。

辛勋成立了一个工作室，按理说，他这个工作室是看客户脸色吃饭的，对客户应该随叫随到、小心伺候才是，可是辛勋却从来不肯巴结和奉承客户，不承认自己是乙方，而是将自己定位为“第三种力量”，并且立下规矩：第一，自己从不请客户吃饭，只有客户请自己吃饭；第二，不主动找客户，只有客户主动找自己。面对客户还不断提条件：10 万元以下的单子不接。后来他又将 10 万元的门槛改为 30 万元！说来也奇怪，像辛勋工作室类似的一些工作室都因经营不善纷纷倒闭了，他的业务却越做越红火，业绩蒸蒸日上！

在谈判中，乙方所提的前提条件，可以是与物质利益挂钩的金钱、报酬等，也可以是权利、地位、接待礼仪、规格等。只要你提的要求是在对方“可接受范围”内，并没过度刺激对方，你就算是给自己谈判增添了一块隐形的砝码了——一个敢于提条件说要求的谈判者，他本身就有一种自信的气场，这气场反过来也会影响甚至改变谈判对手，做出一定程度的妥协和让步。

双方一旦做好了充分的谈判准备工作，便进入了实质性的谈判阶段。在谈判开局阶段，处于“弱势”的乙方更应该考虑如何开好局、占据有力的主动地位，因为这是乙方谈判制胜、达到目标的关键。而成功谈判的最主要法则之一，就是在开始和对手谈判时，你所开出的条件一定要高出你的期望。

亨利·基辛格甚至会告诉你：“谈判桌上的结果完全取决于你能在多大程度上抬高自己的要求。”这位世界上最伟大的国际谈判高手居然公开宣称，在跟

他谈判时，你一定要做好准备，因为他所开出的条件一定会高出自己的实际要求。虽然你告诉自己，“我的客户并不愚蠢，只要我一开口，他们就会知道我所开出的条件是超出我预期的。”但这种做法仍然不失为一种优秀的谈判策略。

如果让你学习提条件，也许你会这样想吧：“难道我的谈判对手是傻瓜？我开的价格太高了他们立刻就会发现的。”但是当你这样想的时候，你可以适当让所提条件与心理预期接近，但一定要牢记“向对方开的价格一定要高于你实际想要的价格”的原则。

有这样一个故事：一位经营电器的老板想把自己的一家地理位置不怎么好的商场出售，而此时明宇电器集团正想进一步扩大在当地的经营规模，再兼并一些有发展潜力的电器商场。这位老板本来想这个商场能卖到 120 万元就心满意足了，可他一听说是明宇电器集团要买他的商场，而且对方势在必得，便来了个狮子大开口，要价 200 万元。买卖双方经过长时间的唇枪舌剑，仍然在价格的谈判上争论不休。

明宇电器商务代表：“我们最多出价 150 万元，不能再多了。”

商场老板：“我一再跟你说了，我的价格一点商量也没有，200 万元，少一分钱我也不会卖的。”

明宇电器商务代表：“真遗憾，我们谈不成这笔交易，但是如果你改变了主意，请在与我们联系吧。”

商场老板：“那就当我们什么都没谈过好了，我真的无法让价了。”

商场老板说完就走了，因为他知道，明宇电器集团如果想在这个地区开大型电器商场，别无选择，只能买他的。

果然，两星期后，大发电器给他打电话，表示同意他的 200 万元卖价。这里的商场老板之所以敢“狮子大张口”，提出看似“不可能的条件”，就因为他深知职场谈判的一个黄金法则：若你不提，对方反而认为你没实力，不会珍惜。

亲爱的读者，试想一下当你去商场购物时，为什么总会把价格压到你觉得对方根本不可能接受的地步？当你找工作时，为什么总会提出高出自己心理预期的薪资和待遇要求呢？当你与一家家具供应商就一个大单子讨价还价时，即便你认为对方只要把那个老板台免单就可以了，可为什么你还是会一开口就要对方连同那个真皮沙发也免单呢？如此等等。

把上述问题都认真考虑过，你就会知道为什么要在谈判时抬高自己的要求了：它可以让你有谈判的空间。假如你是卖方，你永远都有把价格降低的机会，但却很难增加报价；假如你是买方，你在谈判的过程中永远都有机会抬高价格，但却很难压低价格。也就是说，在谈判开始时，你就应该想尽一切方法把条件抬高或降到最低限度。这是让你达到最理想的谈判结果，但同时又让对方感觉是合情合理的唯一技巧。

另外还要主意一点：你对谈判对方的情况了解得越少，刚开始谈判时就应该把条件抬得越高。当你实施了这个技巧后，你一定要让对方感觉到你的条件是可以商量的，因为，如果对方觉得你提出的条件过于出格，而且你的态度非常强硬，一点商量的余地也没有。那么，对方很可能会做如下结论：“看来我们根本没什么好谈的。”如果你让对方感觉你的条件是可以协商的，即便在谈判开场时来个狮子大开口也没关系。

假如你是一个销售人员，你可以这样告诉对方：“我们从你目前所下的订单数量、要求的包装质量以及发货时间来看，我们所能给出的最优价格大约是每

件48元。当然了，在我们更加准确地了解你的需要之后，或许还可以做一些调整。”对方听到这个之后可能会想：“幸好还有商量的余地，否则这次谈判干脆结束好了。”

大胆开口要价的另一个好处是：对方如果不假思索地马上接受你的条件，你就会得到自己计划外的那个价格，而你唯一付出的只是提出了你的要求而已。谈判中，你所提条件一定要有合适的理由，不能让对方觉得你在为提条件而提。提什么条件，这是很有学问的，既要看自己的筹码，又要看对方的接受程度，如果漫天要价，谈判肯定没戏，若你罔顾自身筹码而狮子大张口，这不是“谋略”而是令人不屑的愚蠢的“自不量力”。当然啦，“提条件”其实是一个有风险的谈判手段，如果没有承受风险的能力和准备，提条件就没有必要。大家绝对不能在提了条件以后又自降身价，因为这样只会让对方生出疑惑之心，怀疑你并没诚意要好好合作，或者你的所谓“实力”都是行骗的道具，作为谈判者的你品行可疑，当然，如果对方做了让步，你也可以相应地做些让步。

8. 黑脸——白脸策略

大家知道很多家长在教育小孩方面都自动分担着“黑脸——白脸”的角色任务，唱黑脸的平日对孩子严厉，堪称严父或严母，让孩子一见他（她）就心生敬畏，而唱白脸的那位平日主要负责对孩子慈爱照顾，堪称慈父或慈母，孩子一见他（她）就无比依赖。正如一个好孩子是既要天真活泼又要懂得规矩，“黑脸——白脸”的不同分工塑造了孩子个性的不同优点，但很多人并不知道，“黑脸——白脸”策略还是谈判中很常用的一种技巧呢！

比如，客户对你说，他很想和你做成这笔生意，但遗憾的是，他的老板不满意，甚至他将老板不满意的地方都偷偷告诉你：“老板认为你们的报价太高了，有人出价比你们低，除非你们把价格再下调5%，否则你们可能就没希望了。”你以为这位客户和你站到了一个阵营里？错了！他和他的老板只是在使“黑脸——白脸”策略而已。有时，这种策略并非上下级关系才能应用，平级之间也完全可以应用。比如在一场谈判中，一位特别挑剔，全程都黑着脸，另一位就特别宽容，特别友善，那么，他们就很可能在使用“黑脸——白脸”策略。

我们经常会在老套的警匪片中看到这种策略：警察把一名嫌疑犯带到警察局，第一个出场的警察通常是一个看起来很凶的家伙。他使用各种办法威胁嫌疑犯，告诉他“如果你不合作，那就休怪我们对你不客气了!”过了一会儿之后，这位警察突然被一个神秘电话叫走，然后第二个警察出现了，他简直是这个世界上最温和最善良的人，他不但给嫌疑犯拿来咖啡与面包，还坐了下来，开始与嫌疑犯推心置腹地交朋友。他一边递烟给嫌疑犯，一边说道：“听着，孩子，情况并没有那么糟。我很喜欢你。我知道你现在的处境非常艰难。为什么不让我来帮你呢？看看我能为你做些什么。”然后白脸就会继续深入，问你一些看起来似乎并不是很重要的问题。“我想那些侦探们真正想要知道的是你们到底在哪里买的枪？”可事实上，他真正想问的是：“你们把尸体藏到哪里了？”从一些看似微不足道的问题开始，然后不断深入，直到成功突破对方防线，掌握第一手情报。

“黑脸——白脸”策略因为其有效性，因此应用得非常广泛，所以你不得不小心提防，人们使用“黑脸——白脸”策略的频率远比你想象中要高。曾经担任过美国驻联合国大使的比尔·理查德森曾经说过一

个关于海地独裁者塞德拉斯将军使用“黑脸——白脸”策略的故事：“从海地的塞德拉斯将军那里，我知道了他通常会扮演白脸，他的最高将军菲力浦·比安贝则会扮演黑脸。所以在见他之前，我已经做好了准备。在举行会议期间，比安贝差点没跳到桌子上大叫大嚷，‘我不喜欢美国政府叫我暴徒。’我还记得，当比安贝将军大叫大嚷时，我就会转向塞德拉斯，‘我觉得他好像并不喜欢我。’塞德拉斯这时就开始笑个不停，然后他说道，‘好了，好了，比安贝将军，坐下吧。’”

大家一定要细心判断对方有没有使用“黑脸——白脸”策略，当你在谈判中，面临的对手有两人以上时，你就要小心对方会不会使用“黑脸——白脸”策略。

黄海在一家保险公司做经济，正在为公司推销健康保险计划，他有一个准客户是一家公司的人力资源副总裁，经过几次电话联络后，副总裁同意会面，但当这位副总裁的秘书带领黄海去见副总裁时，黄海却吃惊地发现对方公司的总裁居然也想进来听听他的演示。这时就形成了二对一的场面（情况看上去有点不妙哦），可黄海还是平稳心情继续演示，告诉自己不用担心，就当多一个准客户嘛！一切进展得似乎都很顺利，黄海甚至觉得自己很可能有机会达成这笔交易了。可没想到对方公司的总裁却突然拍案而起，总裁告诉自己的副总裁：“听着，我想这人并不是真的想给我们一份认真的方案，我还有其他事情要做！”然后就冲出了会议室。

黄海并不知道这只是一种谈判策略的话，很快就被总裁的发怒打击得失去了信心。然后那位副总裁和善地拍拍黄海肩膀告诉他：“嗯，他这人有时候就是这样，但我真的很喜欢你刚才演示的计划，我想我们可以接着往下谈。”黄海听了副总裁一席话，已经绝望的心又生出几丝希望，充满感激地望着副总裁。这时副总裁摊摊手说：

“如果你能在价格上更加灵活一些，我想我们还是有希望的。为什么不看看我到底能帮你做些什么呢?”因为黄海到这里都还没有意识到这只是对方的小把戏，他傻傻点头追问：“你觉得贵公司的总裁能接受什么样的价格呢?”虽然黄海一厢情愿地以为副总裁是“同自己一国”的，但事实上人家并没站在他这边，而是在总裁唱完“黑脸”之后以“白脸”形象出现，大大博得了黄海的好感。

在认识了“黑脸——白脸”策略之后，我们再来看看如何应对对方的“黑脸——白脸”策略。

首先要识破对方的策略。虽然应对方法不止这一种，但很可能你只要知道这一条就够了。你一旦指出对方的把戏，他就会觉得非常尴尬。当你注意到对方在使用“黑脸——白脸”策略时，不妨微笑着告诉对方：“哦，好了，你不是在和我玩“黑脸——白脸”吧?好了，我都知道啦，坐下吧，别玩了。”通常情况下，他们就会由于尴尬和“被人揭穿”而立刻停止。

应对对方“黑脸——白脸”策略的办法也很简单：你也给他们造成一种“谁都会玩这种小把戏”的错觉吧。如果你只有一个人，你可以“制造”自己一方的黑脸，虚构一个黑脸出来，比如你不好说话的上级，难以合作的工作搭档，甚至是你们公司的出纳。这样你一下子就把对方的白脸也变成了黑脸，从而就化解了对方的策略。

如果对方带着一位明显是要扮演黑脸的律师出现，你不妨在谈判一开始就直接告诉对方：“我知道你是来扮黑脸的，但我建议你不要这样做。我想我们都想解决眼前的问题，为什么不想办法找到一个双赢的方法满足要求?”当然，除了谈判桌上的黑脸之外，你还可以虚构一些比谈判桌上的黑脸更加强硬的黑脸。

你还可以直接找他们的上司。比如在与一家经销

公司的采购员打交道时，你可以直接给这家公司的老板打电话："你的员工在和我玩'黑脸——白脸'的游戏，你并不赞成他们这么做，是吗?"使用这种策略时一定要小心，因为该策略经常会让对方感觉不舒服。除此之外，你还可以直接告诉对方的白脸："听着，我知道你们在使用'黑脸——白脸'策略。从现在开始，无论他说什么，我都会反向来理解。"通过这种方式，也可以达到先发制人的目的。

但如果是你想玩这种策略，那么有一点要谨记：使用这一策略，目的是在谈判中尽量减少对抗情绪，同时成功地给对方施加压力，或者提出条件。所以，当你识别出对方正在使用这一策略时，最好不要直接指出，因为这样会让对方恼羞成怒，谈判也就没法进行了。

9. 红鲱鱼策略

要弄懂谈判桌上的"红鲱鱼策略"，我们有必要先来看看此策略的来源。当鲱鱼被晾干腌制起来时，它的肉就会变成红色，就像腌制的三文鱼一样。英国人把这种红鲱鱼称为"腌熏鲱鱼"。反猎狐组织的主要成员们发现，只要他们把一条腌熏鲱鱼放在狐狸经过的路上，鲱鱼的味道就会盖住狐狸身上散发出来的气味，从而猎犬们就无从追踪狐狸的踪迹。每当遇到这种情况，那些猎手就会大叫"这些混蛋又在糊弄我的猎犬了"。时间一长，"红鲱鱼"就成了一个常用的英文短语，人们用它来指那些能够转移对手注意力的事情。所谓红鲱鱼策略，是指有些人会对你提出一个并不是很重要的要求，然后他会收回自己的要求，可作为回报，他会要求你做出一些真正重要的让步。而他最早提出的要求，其实无非是为了干扰你的注意力而已。

使用“红鲱鱼策略”的著名案例是朝鲜在朝鲜半岛停战和谈时制造的。谈判刚开始时，双方一致同意，各方应分别选派 3 个中立国作为自己的代表，连同本国的谈判代表一起，出现在谈判席上。当时韩国选择的 3 个国家是挪威、瑞典还有瑞士。而朝鲜则选择了波兰、捷克，但他们宣称自己暂时选不出第 3 个国家。他们建议双方先开始谈判，他们随后会选出自己的第 3 个国家。这时，朝鲜的真正目的是为“使用红鲱鱼策略”埋下伏笔。一旦时机成熟，他们就宣布自己已经选好了第 3 个国家：前苏联。国际社会立即群起而攻之：前苏联？前苏联绝对不是中立国。作为回应，朝鲜说，前苏联并没有直接参与朝鲜战争，所以国际社会根本没理由对前苏联抱有偏见！于是朝鲜不断声称自己不明白为什么不可以选前苏联作为代表？直到最后，就连韩国也不明白自己为什么那么坚持反对前苏联加入了。于是谈判开始陷入僵局，止步不前。

双方坚持了很长一段时间，就在双方似乎要无休止争论下去时，朝鲜突然宣布，他们可以不让前苏联出现在谈判桌前，但他们希望对方也能做出一些相应的让步。在谈判刚开始时，双方就已经达成共识，任何一方不得重修自己的机场跑道。朝鲜后来意识到，这一条件对自己极为不利，因为美国的飞机可以在自己的航空母舰上起飞，而朝鲜却无法做到这一点。所以朝鲜决定这时候可以“启动红鲱鱼策略”了，于是他们开始提出请前苏联作为自己的谈判代表，结果呢？他们决定让步，选择其他国家作为自己的代表，但条件是韩国必须同意朝鲜重新修建自己的机场跑道。

事实上，朝鲜从来没有想到过要请前苏联加入谈判，但他们硬是凭空捏造出来一个条件来分散韩国的注意力，并最终以此交换到自己想要的东西。

“红鲱鱼”策略是谈判桌上非常著名的谈判技巧，即指那些释放烟幕弹，混淆敌人视线，从而达到真实目的的谈判手段，在职场上，使用“红鲱鱼”策略的谈判高手可是大有人在哦。

用红鲱鱼策略，谈判桌上买主对一个不重要的问题感到不满，紧抓不放吹毛求疵，以此希望软化卖主，在实质问题上做出让步。一旦红鲱鱼策略分散了你的注意力，就会诱使你相信那是买主真正关心的问题，其实并非如此。如果你意识到买主抛出“红鲱鱼问题”的时候，你应该注意谈判的实质问题，不要让他们迫使你，做出任何让步。比如，你可能遇到一个买主，他对你们发来的最后一船货物中的一点小问题紧握不放大做文章，问题之小其实是完全可以容忍的，而且以前他们从没有把它当成是个问题。然而这次，他们却忽然变得很认真，好像要让你把整船货物运回去。然后他告诉你，如果同你的竞争对手打交道就不会出现这样的问题，这些竞争者为了能进入他们的门槛正想降价呢！现在你害怕了，你担心自己不但要额外支付一笔运输费，而且还丢了生意伙伴！然后他建议说他可以再考虑考虑这个问题，只要你在价格上做出些让步。你现在的危险就是因为他们捏造的一个虚假问题，而使你在实质问题和原则上做出痛苦的让步。

对手使用红鲱鱼策略之所以会成功，是因为他们转移了你的视线，使你也跟着他们思路陷入一个“小问题造成的大泥沼”，只顾晕头转向地挣扎，却忘记“拨开迷雾直抵本质”的谈判技巧。

另外一个红鲱鱼策略就是买主故意拖欠付款。你们公司管财务的副经理责成你去取支票或要求买主货到付款。你到那里的时候，她大喊大叫、胡搅蛮缠，说你们最后一船货物迟到了，使得她取消了生产线上一夜的生产。这让你大为吃惊，因为她以前从没有提到过这一点。这或许只是在利用红鲱鱼策略把你的注意力从收款的实质问题上移开，使得对方手中多握一只谈判砝码。

钱勇在一次关于户外广告的谈判中，就巧妙地运用了“红鲱鱼策略”。他事先找助手小黄询问过其他广告公司，知道这类户外广告一年大概不超 7 万，而钱勇心理价是一年 5 万左右。事先钱勇交代过小黄，只跟他谈价格，别的不扯。就是叫他为了谈清价格而谈价格，叫谈判路子越走越窄！

所以小黄一开口，就大大杀对方的价：“毛总，别怪我说话直啊。唉，实话说，这类户外广告不值啥钱，一年顶多 3 万多。听说有些关系户，比这价钱还低也能拿下来呢。”话音刚落，毛总差点把刚喝下去的茶喷出来，他干笑两声：“黄助理说话确实直率，但我们不可能只出 3 万就拿到牌子，绝对不可能！要是真有这好事，那还要托您的福气，下次帮我介绍介绍？”很快，小黄和毛总一来一往，激烈交锋起来，小黄又是摆事实又是讲道理，毛总也忙着“兵来将挡，水来土掩”。而钱勇来了个坐山观虎斗，先拿小黄灭了毛总锐气，最后再使出“红鲱鱼策略”。

钱勇不慌不忙微笑着开口：“毛总，我来提个折中方案吧，户外广告一年五万如何？不过可能我们公司很难认可这么高的价格，为了让领导同意，我意思是实物换广告，也就是广告费全部由牛奶冲抵！您看行不？”

“啊？实物换广告？我还要卖 100 多瓶？这万万使不得，让我到哪儿去卖那么些奶啊？不成，这个玩笑可开不得。”毛总有些急了。

于是钱勇装作很为难的样子继续说：“唉，那我就让一回，算是体谅您的难处，广告费按 70％实物冲抵，剩下 30％支付现金。这可是我最后让步了啊。”

现在，毛总满心思想的都是“货物抵广告款”的

事，在钱勇和助手的一唱一和下，他为了能让对方“全额付款，不要拿货品抵债”，只好咬牙同意了“五万一年”的户外广告价格，却不知钱勇根本没想过真要拿牛奶来抵广告款，只是设下一个“红鲱鱼”陷阱，成功转移毛总注意力，从而顺利杀价，获取大大利己的谈判结果！

10. 要有随时就走的勇气

想必大家都承认这个说法：谈判不光是实力的比拼，而且也是勇气的对抗。古语说“输人不输阵”，简言之，就是明知自己和对方实力悬殊，至少也要在气势上做出能压倒对方的样子，有胆量和勇气去挑战对方，谈判的胆识就是勇气的内涵，除了在谈判中要胆色分明，表现果断，还有一点很重要，就是要有“随时能站起来离开”的勇气。要知道如果你能表现得“随时可走”而不是死缠烂打地抱着谈判对手大腿，哭着求着让人家许你一个利好的谈判结果——这样做的结果非但换不来同情怜悯，只会让对手更加看轻你。

谈判可谓是一件高风险的事，如果不是有“随时就走”的心理准备，往往会因为“无法舍弃”反而打败仗。

著名谈判大师罗杰·道森在介绍自己的谈判经验时，说过这样一个例子：有一天，他的女儿看中了一款二手车，让罗杰去帮她“砍价”。罗杰问女儿：“你打算今天空着手回来吗？”女儿说：“绝对不行，就想要那辆车，非常想要。”罗杰告诉她：“要是这样的话，你还是拿出支票簿，准备接受他们的价格吧。因为如果你真的这样想，谈判还没开始你就已经输了，要想谈到一个好的价钱，我们必须做好空手而回的准备。”就这样，在谈判的过程中，罗杰和女儿在两个小时的时间里离开汽车展厅两次，表现得轻松漠然，似乎“即使不拥有那辆二手车也没什么大不了的哟，我们今天不过是闲着没事顺便来这里逛逛”。看到罗杰和他女儿气定神闲的样子，对方反而着慌了，一心想做成这笔生意，不愿意放过面前的准客户，所以在罗杰的“随时就走心理攻势”之下，最终对方答应把价格降低 2000 美元。罗杰最后总结说：“想想看，这 2000 美元就相当于我和女儿在两个小时里赚回来的一样，如果有一份工作能每小时赚 1000 美元，我想没人会不愿意干。”

当然，这样做的时候，你得确定你的离开会给对方造成一定损失，并且不会让对方恼羞成怒，这样才有继续谈下去的可能。如果你根本没有和对方谈判的筹码，你的离开只会给你这一方造成损失，那你就不要想什么谈判了，先下手为强，把想要的东西抢到手再说。就好比买房子，几个买家都在虎视眈眈地盯着一套靓户型，这时你还想着用“随时就走”的谈判技巧去“砍价”，房子早就是别人的了。

和买二手车需要玩“漠然战术”一样，职场江湖里也随时会有这样的“随时就走”的戏码。对于米莉来讲，这一幕出现在她和潜在雇主谈薪资的时候。米莉是一家外企的公关部经理，在猎头的牵线下，另一家公司找到了她，前面的谈判一切顺利，但是在谈到薪资的时候双方遇到了问题：米莉要求新岗位的薪资要比她现在的薪资高出 30%，但对方只肯高出 20%。为此，米莉几次离开谈判桌，还接听了一个外地猎头打来的电话，电话中力邀米莉过两天去上海一家外企面试，而且对方公司还包来回机票和食宿。正和米莉谈判的公司代表在综合考虑米莉才能与薪酬要求的关系之下，最后对方妥协，答应了米莉的薪资要求。

相信大家现在都已深信不疑了吧：在谈判桌上不仅需要经验和技巧，还需要一定的魄力与勇气。即坚持不一定就是胜利，无谓的坚持只能陷入被动挨打之中。如果你感觉自己很难接受对方提出的条件，一定要立刻停止，果断离开，千万不要犹豫。优秀的谈判者懂得放弃的时机和价值。在所有的谈判施压方式当中，这一条是最为有力的，甚至可能让你的谈判技巧迅速提高数倍。

1984 年，我国与突尼斯某公司的代表就建立化肥厂事宜进行洽谈。几次谈判后，基本确定选址在河北某港口。同年 10 月，科威特石化公司也想参与进来，谈判由两方变成了三方。在第一次谈判中，科威特石化公司的董事长在听过筹备工作的介绍之后，断然表态："你们前面所做的一切工作都是徒劳无功的，建立化肥厂的工作必须从头开始！"

听了该董事长的意见之后，不仅是中方代表，就连突尼斯方面的代表也感到非常惊讶。因为仅编制可行性研究报告，双方就动员了 20 多位化工专家，耗资 30 多万美元，费时 3 个多月才完成。但是，此时，却没有人敢站起来驳斥这位董事长，因为此人在科威特的地位仅次于石油大臣，而且他还是国际化肥工业组织的主席，拥有非常高的权威和声望。

但是中方的一位代表实在忍不住了，他抱着"豁出去"的心理，猛然站起身来说："我代表地方政府声明，为了建立这个化肥厂，我们安排了一处接近港口且地理位置相当优越的场地。当时，许多合资企业出高价争着要用这块地，我们都拒绝了。如果现在按照董事长的提议，事情要拖延下去，我们只好把这块地方让出去！对不起，我还有别的事情需要处理，我宣布先退出谈判！"说完，这位中方代表拎起皮包转身就走，毫不拖沓迟疑，他身边的人也跟了出去。

大家都以为中方代表得罪了董事长，这次建化肥厂的事肯定泡汤了，前面所做的一切准备工作都成了无用功！正暗暗叹息，并暗中责怪这位中方代表实在没点忍耐力，干吗要从谈判桌上离开呢？

但让大家想不到的是，半个小时后，一位处长跑出来，兴高采烈地对那位地方政府代表说："你这招真灵！形势竟然急转直下了！那位董事长说了，快请市长先生回来，我们强烈要求迅速征用这块地！"当地方政府代表重新回到谈判桌上的时候，谈判已经变得非常顺利，三方的合作协议也很快达成了一致。

在谈判桌上，如果真有什么办法可以制服蛮横强势的对方的话，那就是：学会"随时离开"。采取退出谈判的策略，很可能会取得成功，一举扭转谈判的局势，使谈判得以顺利进行并很快达成协议。这也是"走为上"的谈判策略，该策略可以使对方所制定的所有"不平等霸权"谈判策略全部落空。

为什么选择离开？

"商场如战场"，谈判虽不是血雨腥风，但也是智慧和胆量的较量。有时，不懂得放弃其实很难获得理想的结果。再者，一旦错过了最佳时机，你就输掉了谈判。

有些年轻人在谈判之前信誓旦旦保证："我一定坚持到底！"其实有时"死撑"并不能真的解开僵局，令对方让步，反而会因为你的"死缠烂打"而让对方看到你"志在必得"的死穴，淡定从容发功，"谈笑间灰飞烟灭"，轻轻松松就将了你的军。所以，一定不要因为那些已经投入的时间和金钱而坚持到底，因为那样，你所失去的很可能比已经投入的更多。一旦错过了离开谈判桌的最佳时机，这时你很可能就会输掉这场谈判。只有让谈判对手看到你"随时就走"的勇敢和霸气了，才会打心眼尊重你，并重新审视你们的平等关系。

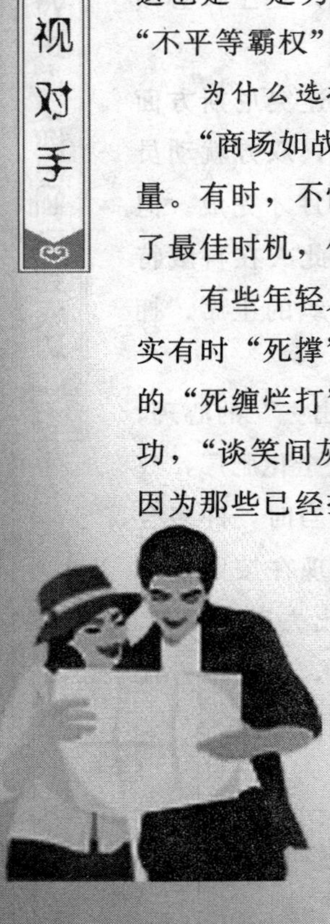

什么时候是离开的最好时机？

在谈判之中，如果己方处于劣势，而对方又咄咄逼人，不肯相让，此时硬拼，不过是以鸡蛋碰石头，没有生路可言；选择屈服投降，永远受制于他人，更不可能有生路。如果确实得不到自己想要的东西时，就不要过于强求，否则盲目蛮干，会贻害无穷，令自己追悔莫及。知其不可为而不为，是一种明智的抉择，可以避免时间上的浪费和力量上的损失。此时，给对手最大的压力莫过于当即终止谈判。

通过这种方式，你可以告诉对方："如果你不能给出我想要的东西，那我只好离开谈判桌。"记住：这是离开谈判桌的最佳时机，一定不要错过。当然，若能取胜，就不要先走，更不能稍遇挫折，便丧失信心，望风而逃，这是逃跑，不可与"走为上"相提并论。